코스모스 씽킹

코스모스 씽킹

펴낸날 2024년 10월 23일 1판 1쇄

지은이 천문물리학자 BossB
옮긴이 이정미
펴낸이 이종일 강유균
편집위원 이라야 남은영
기획·홍보 김아름 김혜림
교정·교열 이교숙 정아영 나지원
경영지원 이안순
디자인 바이텍스트
마케팅 신용천

펴낸곳 알토북스
출판등록 1978년 5월 15일(제 13-19호)
주소 경기도 고양시 덕양구 청초로 66 덕은리버워크지산 B동 2007호~2009호
전화 (02)719-1424
팩스 (02)719-1404
이메일 genie3261@naver.com
홈페이지 www.readlead.kr

ISBN 979-11-988539-0-5 (03440)

우주를 이해하면 보이는 일상의 본질

COSMOS THINKING

BossB 지음
이정미 옮김

코스모스 씽킹

관점을 바꾸면 현실이 달라진다

알토북스

우리는 개별 우주입니다

우주는 모든 것입니다. 모든 공간, 모든 시간, 모든 물체 그리고 모든 에너지가 우주입니다.

그러나 이 책에서 소개할 코스모스 씽킹의 중요한 핵심은 세 가지입니다.

첫째, 우주에서 무언가를 보는 행위와 아는 행위는 시점에 의존하며 시점의 제한을 받습니다. 하나의 시점에서 보는 것들은 현실의 한 측면에 지나지 않습니다. 시점에 따라 보이는 것이 다르고 보는 것이 한정되어 있기 때문입니다. 그러므로 다양한 시점에서 대상을 바라볼 때 비로소 전체가 보이기 시작하고 본질에 더 다가갈 수 있습니다.

　둘째, 우주의 본질은 잘 보이지 않는 곳에 숨어 있습니다. 그러므로 보이지 않는 것, 본 적 없는 것을 보기 위해 새로운 시점이 필요합니다.

　셋째, 우주에는 무한한 가능성이 있습니다. 우리는 그 모든 가능성을 알 수 없기에 미래를 만들어갈 수 있습니다.

　'코스모스 씽킹'의 근간은 우주의 본질이 우리 존재의 본질이며 사물의 본질이라는 인식입니다. 이를 바탕으로 우주의 본질을 '보는' 방법이자, 자신과 타인, 관계와 감정, 나아가 사회를 생각하는 것입니다. 여기서 '본질을 보다'의 의미는 '알다'와 '해석하다'를 포괄합니다. '보는 시점'이지요.

　이 시점은 착각과 기울어진 해석으로 제한되어 자신을 포함한 사물의 본질을 보지 못하게 합니다. 그래서 코스모스 씽킹은 한정된 시점을 이해하고 아는 것에서 시작합니다.

　사물의 본질은 쉽게 판단할 수 없습니다.

　내가 틀릴 수 있음을 알고 멈춰 서서 열린 마음으로 차이와 미지

영역의 다양함을 받아들여야 합니다.

코스모스 씽킹은 다각적인 시점에서 생각하는 것입니다. 시점을 늘리기 위해 '일반적'과 '당연함'의 틀에서 벗어나 탐험하고 도전하며 다른 대상을 만나 대화할 필요가 있습니다. 시점이 늘어나면 늘어날수록 보이지 않던 것이 보이기 시작합니다.

자신이 품은 다양한 빛을 볼 수 있습니다. '나'의 본질이 보이기 시작하며 주변 사람의 빛도 보입니다. 학교, 조직, 타인의 잣대에 억지로 맞추지 않고 누구나 있는 그대로, 각자의 색채로 빛나는 사회를 만들어갈 수 있다는 희망이 솟아납니다.

코스모스 씽킹은 시점을 선택해 더 좋은 미래를 만들어가는 일입니다. 매 순간 어떤 일을 할지, 무엇을 생각할지, 무엇을 위해 어디에 갈지, 어떤 가능성을 실현할지 그 가능성을 봅니다. 그리하여 자신이 원하는 사람이 될 수 있습니다.

나는 천문물리학자입니다. 은하의 형성과 진화의 계산을 연구했으며 학문의 자유가 있는 대학교의 교단에 서고 있습니다. 그랬던

내가 우주와 물리에 관심 가지게 된 계기는 왜 태어났으며 왜 살아가는지, 나의 존재 의의와 가치는 무엇인지 그 대답을 찾으려 한 것입니다.

지금은 우주와 사람, 사회의 접점에 호기심을 품고 있습니다.

이 책에는 여러분에게 우주를 알려주며 우주에 관한 생각을 유도하려는 정보가 담겨 있습니다. 우주 법칙을 이해하며 각자 되고 싶은 사람이 되고 자신의 색깔대로 빛나기를 바라는 마음입니다.

우주는 모든 것입니다.

그러므로 우리도 우주입니다.

우리의 생각, 꿈, 사랑, 기쁨과 슬픔도 우주입니다.

환경, 사회, 미래와 과거도 우주입니다.

차례

3장

공간, 시간, 시공, 중력

4장

블랙홀은 무섭지 않다

5장

우주는 어디로 갈까?

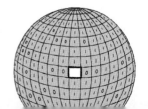

6장

우주는 어떻게 시작되었을까?
우주의 바깥에는 무엇이 있을까?

7장

시간여행을 하고 싶다면?

COSMOS
THINKING

우주 속의 우리

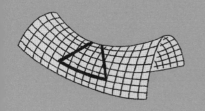

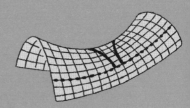

1장

01

Q

인간은 우주 어디에 있나요?

A

우주에서 우리 주소는 라니아케아 초은하단, 처녀자리 초은하단,
처녀자리 은하단, 국부 은하군, 우리은하, 오리온자리 팔, 태양계,
지구입니다.

Message

끝없이 펼쳐진 공간으로 압도적 위력을 가진 우주는 그저 그곳에 존재할
뿐입니다. 우주는 우리를 판단하지 않고 가치를 부여하지 않습니다. 그러
므로 나의 가치도 우주나 사회, 학교가 아닌 나 자신이 결정하는 것입니다.

광대한 우주

우주를 알면 아주 작고 아주 큰 자신을 발견하게 된다. 내면에 숨어 있는 엄청난 에너지와 무엇이든 될 수 있다는 무한 가능성을 마주하게 되기 때문이다. 더불어 우주를 탐구하는 과정에서 내가 볼 수 있는 것과 해석할 수 있는 것은 내 시점에 의존하며, 그 시점은 한정되어 있다는 사실도 배운다. 시점은 한정되어 있지만 우주(현실)를 탐구하고 새로운 발견을 해나갈 때마다 다양하게 빛나는 자기 모습을 보게 된다. 주변의 빛남도 볼 수 있게 된다. 그리고 모든 사람이 각자 빛날 수 있는 사회를 만들어갈 수 있다는 확신이 생긴다.

우주를 알고 시점이 늘어나면 자신을 포함한 이 세상 모든 존재의 본질이 보인다.

이것이 '코스모스 씽킹'이다.

자, 이제 우주를 탐구하는 여행을 떠나자!

먼저 우주 속 우리의 위치를 생각해 보자. 우리가 사는 지구의 우주 주소를 알고, 우주가 얼마나 큰지 생각해 보는 것이다. 지구의 우주 주소는 라니아케아 초은하단, 처녀자리 초은하단, 처녀자리 은하단, 국부 은하군, 우리은하, 오리온자리 팔, 태양계, 지구다. 지구에서 사용하는 주소로 나타내면 라니아케아 제국帝國, 처녀자리 나라國, 국부도道, 우리시市, 오리온로路, 태양집家, 지구님樣이라 하면 될까?

지구(님)

우리는 태양이라는 항성[1]을 도는 지구 행성에 살고 있다. 태양으로부터 적당히 알맞은 거리에 위치하고 있어 너무 덥지도 않고 너무 춥지도 않으며 물이 풍부한 푸른 별이다.

태양계[그림 1]를 100억분의 1 크기로 축소하면 태양은 자몽 크기만 하다. 지구는 거기서 15m 떨어진 바늘 끝 크기의 점이 된다[그림 2]. 태양과 지구의 거리는 약 1억 5천만km이며 이 거리를 1천문단위 AU라고 정의한다. 지구가 1만 개 정도 들어갈 수 있는 거리다.

태양계(집)

태양의 주위에는 행성이 여덟 개 있다[그림 1]. 태양계에서 가장 큰 행성은 목성이고, 가장 멀리 있는 행성은 해왕성이다. 태양계 축소 모형(100억분의 1)에서 목성은 태양에서 78m 떨어진 구슬, 해왕성은

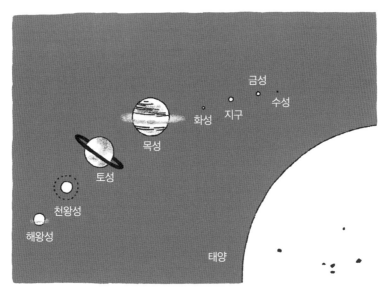

[그림 1]

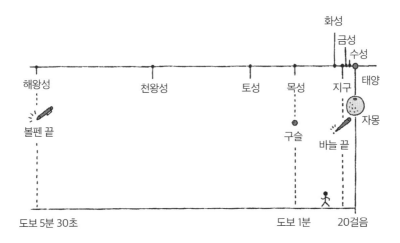

[그림 2]

태양에서 450m 떨어진 볼펜 끝이다. 태양에서 목성까지는 걸어서 1분, 해왕성까지는 걸어서 5분 정도 걸린다[그림 2].

이 여덟 개의 행성과 최소한 다섯 개의 준행성, 200개 이상의 위성(달은 지구의 위성이다), 100만 개 이상의 소행성, 대략 10억 개 이상인 혜성을 하나로 묶어 태양계라고 한다. 모두 똑같은 가스 덩어리, 원시 태양계 성운에서 만들어졌다. 이것이 모두 태양계의 집안이다.

우리은하(시)

태양은 수천억 개 별로 이루어진 우리은하[그림 3] 속 하나의 별이다. 우리은하의 별을 한 사람이 1초에 하나씩 세면 수천 년이 걸린다. 한 사람이 살아있는 동안 별을 전부 세는 일은 불가능하다. "이 세상에 남자(여자)는 하늘의 별만큼 많다."라고 표현하지만, 실제 남자와 여자는 각 40여억 명으로 고작 은하수에 있는 별의 1%에 불과하다. 남자든 여자든 '하늘의 별만큼' 많지 않다. 그러니 자신이 만난 사람을 소중히 여기자.

태양과 가장 가까운 항성은 별 세 개가 중력으로 묶여 하나의 무리를 이루는 삼중성계, 알파 센타우리다. 안타깝게도 이 항성은 남반구에서만 볼 수 있다. 태양과의 거리는 약 40조㎞다. 1조는 0이 12개나 있는 큰 수로 지구의 ㎞ 감각과는 비교할 수 없다. 그래서 거리

[그림 3]

단위를 '광년'으로 바꾼다. 1광년은 빛이 1년간 이동하는 거리다. 빛의 속도는 1초에 약 30만㎞를 움직이니까 일 년의 이동 거리를 계산하면 대략 10조㎞다. 그러니까 40조㎞ 떨어진 삼중성계와 태양의 거리는 약 4광년이 된다.

우리은하를 100억분의 1로 축소하면 알파 센타우리의 세 별은 자몽 두 개와 구슬 한 개 크기이다. 위치는 자몽 크기의 태양에서 약 4천㎞ 떨어진 곳에 있다. 북아메리카 대륙 서쪽의 로스앤젤레스에 자몽(태양)이 하나가 있고, 동쪽 뉴욕에 자몽(알파 센타우리의 세 별 중 하나)이 또 하나 있는 것이다. 잠자지 않고 쉴 새 없이 걸어도 1개월 이상 걸리는 거리다. 이처럼 4광년이란 어마어마하게 먼 거리다.

지구에서 1등성 시리우스까지 거리는 8.6광년, 10세기 일본 여성

문인 세이 쇼나곤이 사랑했던 묘성(플레이아데스성단)까지 거리는 440
광년이다. 이렇게 우리가 맨눈으로 볼 수 있는 별은 대부분 태양에
서 약 1,000광년 이내에 있다.

오리온자리 팔(로)

우리은하의 별들은 중심이 소용돌이치는 원반 모양으로 분포한
다[그림 3]. 그 소용돌이의 여러 팔 중 하나인 오리온자리 팔에 태양
계도 있고, 시리우스도 있고, 플레이아데스성단도 있고, 우리가 맨
눈으로 볼 수 있는 거의 모든 별이 있다. 팔의 너비는 약 3,500광년
이고 길이는 약 1만 광년이다. 우리은하의 원반 크기가 약 10만 광
년이니 오리온자리 팔은 우리은하의 아주 일부에 불과하다.

우리은하라는 대도시에 태양계라는 집이 있으니, 오리온자리 팔
은 동네 이름이라고 해야 할까? 아니, 그보다는 서양 도시의 어느 도
로에 가까운 느낌이다.

국부 은하군(도)

우리은하는 안드로메다은하와 함께 국부 은하군이라는 무리에
속한다. 이 두 은하는 각각 수십 개의 왜소 은하를 주위에 거느리며
서로의 중력에 묶여 있다. 비유하자면 국부 은하군은 여러 개의 시
를 포함하는 도와 비슷하다.

우리은하에서 안드로메다은하까지 거리는 250만 광년이다. 250만 광년은 빛이 250만 년 동안 멈추지 않고 같은 속도로 계속 나아가야 다다를 수 있는 거리다. 우리 조상들이 아프리카에서 석기를 사용하던 시절에 안드로메다은하가 발한 빛이 지금에야 지구에 다다르고 있다. 우리은하에서 가장 가까운 소용돌이 은하마저 이 정도로 멀다.

처녀자리 은하단과 처녀자리 초은하단(나라)

국부 은하군은 약 2,000개의 은하로 이루어진 처녀자리 은하단 일부로 중심까지 거리는 약 6,500만 광년이다. 처녀자리 은하단은 약 100개 이상의 은하군과 여러 개의 은하단으로 이루어져 처녀자리 초은하단의 중심에 있다.

처녀자리 초은하단의 직경은 약 1억 광년이다. 은하단과 초은하단은 중력으로 묶인 은하들의 집단이다. 그러므로 처녀자리 초은하단은 여러 개의 도로 이루어진 나라인 셈이다.

라니아케아 초은하단(제국)

최근 처녀자리 초은하단이 더 커다란 초은하단 라니아케아 초은하단의 일부라는 사실이 밝혀졌다. 라니아케아 초은하단의 직경은 약 5억 광년이다. 라니아케아 초은하단은 수백 개 이상의 은하단으

로 이루어져 있으며 4개의 커다란 초은하단이 있다. 마치 여러 개의
나라로 이루어진 제국과도 같다.

관측 가능한 우주

우주에는 라니아케아 초은하단 외에도 비슷한 초은하단, 은하, 별
들이 끝없이 분포한다. 우리가 관측할 수 있는 우주는 930억 광년에
걸쳐 있으며, 다 합쳐 수조 개의 은하가 있다.

대략 100,000,000,000,000,000,000,000개(수조 개×수천억)의 항성이
있다. 이 숫자는 0이 23개 있으며 수학적으로는 10^{23}으로 나타낸다.
지구상에 있는 모든 해변의 모래알을 전부 세도 10^{21}개 정도라는데
이에 비하면 정말 말도 안 되게 큰 숫자다.

게다가 항성의 주위에는 행성이 있다. 우리은하의 항성 하나당
평균 10개의 행성이 있을 것으로 예상하는데 그중 관측 가능한 행성
만 대략 10^{24}개다. 행성이 이렇게 많은데 지구에만 생명이 존재한다
면 이상하다.

관측 불가능한 우주

관측 가능한 우주 너머에는 관측 불가능한 우주가 무한히 펼쳐져
있을 것이다. 이 무한한 우주에는 무수히 많은 은하와 별, 무수히 많
은 생명이 있다. 그 속에 지구가 덩그러니 있고 내가 덩그러니 있다.

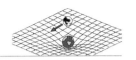

밤하늘을 올려다보며 우주를 느껴 보자. 우주는 끝없이 펼쳐져 있으며 압도적인 힘을 지니고 있다. 그러나 우주는 아무 말도 하지 않는다. 우주는 무엇이 옳고 그른지, 인간은 어떻게 살아야 하는지 지시하지 않는다. 우리를 판단하지 않고 어떤 가치를 부여하지도 않는다. 우주는 그저 존재할 뿐이다.

예를 들어 우주는 시험 점수나 표준 편차로 우리의 가치를 정하지 않는다. 시험 점수 40점으로 우리를 평가하는 것은 학교이고 사회이며 우리 자신이다. 우주는 평가하지 않고 판단하지 않는다. 시험은 한 분야(과목)의 한 측면을 평가하는 방법에 불과하다. 절대 우리의 가치를 온전히 판단할 수 없다. 아니, 우리가 그렇게 한정된 기준으로 학교나 사회나 타인이 우리 가치를 판단하도록 놔두면 안 된다. 만약 아무리 노력하고 몇 번이고 시험을 보아도 40점밖에 받을 수 없다면 그 시험은 내게 맞는 시험이 아니다.

우주는 출신 학교나 사회 계층으로 우리의 가치를 정하지 않는다. 그렇게 하는 것은 집단에 속한 사람들이며 우리 자신이다. 한 집단 안에 계층을 만들고 그 격차에서 자신의 가치를 찾으려는 시도에 불과하다. 자신의 가치는 스스로 정해야 하며 사회나 학교, 집단의 계층에 영향을 받아서는 안 된다.

누구도 타인의 가치를 정할 수 없다. 자신의 가치는 스스로 정하자. 한 사람의 가치는 오직 자신만이 알 수 있다. 그러므로 우주의 탐구는 곧 자신에 대한 탐구이다.

02

Q

우주는 언제 태어났나요?
태양과 지구는 언제 생겨났나요?

A

우주가 탄생한 것은 138억 년 전입니다.
태양과 지구가 생겨난 것은 46억 년 전입니다.

Message

우주의 나이를 지구 1년에 비유하면 인간의 수명은 단 0.2초에 불과합니다. 그러나 그 0.2초 동안의 선택이 창조로 이어질 수 있고 파괴로 이어지기도 합니다.

우주 달력

다양한 관측 결과, 우주가 탄생한 것은 138억 년 전이다.[2] 우주는 그만큼 시간의 스케일이 크다. 138억 년을 우리의 1년으로 압축한 우주 달력을 통해 우주의 역사와 인간의 존재를 생각해 보자[그림 4]. 138억 년을 1년으로 변환하면 한 달은 약 12억 년, 하루는 약 4천만 년이 된다.

138억 년을 1년으로 압축한 우주 달력

▶1월 1일

빅뱅이 일어나고 우주가 탄생했다. 빅뱅으로 발생한 열은 우주의 팽창과 함께 식었고 우주는 아직 깜깜하다.

▶1월 3일

이때부터 우주에 별이 빛나기 시작했다고 추측된다. 2021년 12월

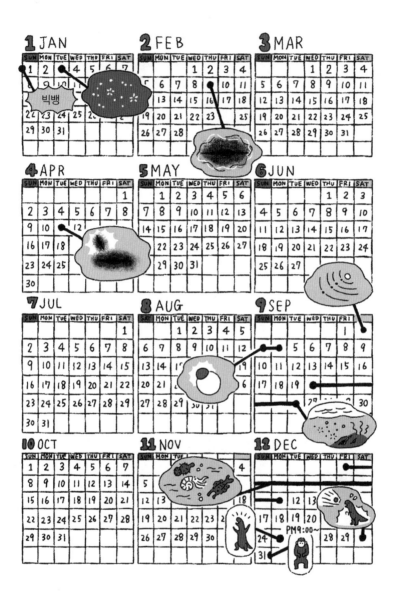

[그림 4]

발사된 제임스 웹 우주 망원경이 우주 최초 항성들의 소멸, 초신성 폭발의 빛을 관측할 수 있을지 모른다. 같은 시기에 작은 원시 은하도 생겨난 것으로 추측된다. 우리은하의 100만분의 1 정도 되는 작은 은하다. 은하는 작은 것부터 생겨나고 작은 은하들이 합체하여 단계적으로 커진다. 현재 관측되는 가장 오래된(우주 달력의 1월 9일경) 은하는 2022년 제임스 웹 우주 망원경이 발견한 JADES-GS-z13-0이다. 지금도 분석이 진행 중이지만 1월 3일경부터 최초 항성들의 빛이 있었을 것으로 추정하고 있다.

▶ 2월 9일경까지

우리은하의 원반 형태가 완성된 것으로 추측된다. 그리고 다른 은하들과 합체하며 점점 불어났다. 최근 ALMA 망원경을 통해 꽤 커다란 은하 원반 가스가 발견되었다.

▶ 4월 11일경

우리은하는 가이아 엔켈라두스 은하와 충돌해 합체했다. 가이아 엔켈라두스 은하는 우리은하의 약 5분의 1에 해당하는 크기였지만 충돌의 충격은 상당히 컸던 모양이다. 그 충격과 합체의 결과인 항성들의 궤적을 가이아 위성이 포착하고 있다.

은하에서는 수많은 별이 태어난다. 별이 죽으면 그 별의 파편을 포함한 가스가 다시 새로운 별로 태어난다. 그 별도 언젠가는 죽어 파편을 다음 세대로 전달한다. 이것이 별의 순환과정이다. 은하에 별의 재료(가스)가 있는 한 이 별의 순환은 반복된다.

▶9월 2일

태양과 우리가 사는 태양계가 생겨나고 지구도 생겨났다. 지구는 이전 세대의 별이 충돌한 파편으로 이루어졌다.

▶9월 3~4일

화성 크기의 원시 행성 테이아가 원시 지구와 충돌했다. 테이아와 지구의 파편으로 달이 생겨났다.

▶9월 하순

이미 지구에 생명이 존재한 것으로 보인다. 며칠부터인지 현시점의 데이터로는 확실히 알 수 없다. 우주 달력상 9월생의 수많은 단세포 생물 화석이 발견되고 있을 뿐이다. 지구에서 생명이 생겨났다는 설도 있고 운석이나 혜성이 생명을 옮겨 왔다는 설도 있다.

▶12월 중순

다세포 생물이 생겨났다. 생명은 단세포보다 다 같이 협력하는 공생이 이득이라는 점을 깨달은 듯하다. 다윈이 주장한 자연도태의 예로 보인다.

▶12월 25일

크리스마스 밤에 공룡이 탄생했다.

▶12월 30일 아침

직경 10㎞를 넘는 운석이 지구와 충돌해 공룡이 전멸했다.

▶12월 31일

우주 달력의 마지막 날 밤, 비로소 인간이 등장한다. 여기서부터는 시간별로 살펴볼 필요가 있다.

- **21시 12분**

인간의 조상 아르디^{Ardi}가 태어났다. 그러나 장시간 이족보행은 어려웠던 듯하다.

- **21시 58분**

인간의 조상 루시^{Lucy}는 이족보행에 익숙했다. 아르디와 루시는 모두 에티오피아에서 발견된 가장 오래된 사람 뼈 화석으로 여성이다. 인류의 할머니다.

- **23시 57분**

인간이 형태와 그림을 그리기 시작했다.

- **23시 59분 33초**

인간이 농업을 시작하면서 정착 생활이 가능해졌다. 도시와 문명이 생겨났다.

- **23시 59분 49초**

인간이 이집트에서 피라미드를 건설했다.

- **23시 59분 59초**

우주 달력의 1년이 끝나기 1초 전, 니콜라우스 코페르니쿠스는 "지구는 우주의 중심이 아니며 태양의 주위를 돌고 있다."라는 지동설을 주장했다. 과학 혁명의 시작이다. 이후 아이작 뉴턴이 중력과 운동의 법칙을 설명하면서 과학 기술의 발전이 인간 사회를 주도하는 현대 문명의 막이 올랐다.

우주 달력으로 치면 불과 1초 전 일어난 일이다. 짧은 시간이지만 그 1초의 영향력은 어마어마하다. 지구 생태계를 100배에서 1,000배 속도로 파괴하며 공룡은 4일 이상이나 지구와 공생했다(운석이 떨어지지 않았다면 더 오래 갔을 것이다). 그런데 인간은 탄생한 지 3시간 정도밖에 지나지 않았는데 공생은커녕 지구를 파괴하고 있다.

그러는 한편 인간은 단 1초 동안, 1년에 걸친 우주의 역사 및 수많은 현상을 규명했다. 이는 공룡을 포함해 지구상의 어느 생명체도 하지 못한 일이다. 아마 가까운 우주에 존재할 수 있는 그 어느 생명체도 못 해낼 일이다. 그리고 앞으로 우리는 더 많이 우주를 규명해나갈 것이다.

우리 인간은 탐욕스럽고 허영심이 강하지만 한편으론 호기심이 왕성하고 지성을 발휘한다. 인간 한 사람에게 주어진 시간은 우주 달력으로 최대 0.2초 정도다. 0.2초는 짧은 시간이지만 그 영향은 엄청나다.

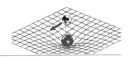

 미국의 천문학자인 고 칼 세이건의 다큐멘터리 영화 〈코스모스(1980년)〉에서 발췌한 말을 인용해 보겠다.

 "제왕, 전쟁, 민족의 대이동, 발명, 온갖 사랑 이야기, 역사에서 일어난 모든 일, 그 시대에 살았던 모든 사람이 우주 달력의 마지막 수십 초 동안 존재합니다. 우리는 우리가 나타난 광대한 공간과 시간의 존재를 이제 막 깨달았습니다. 또한 우리가 우주 150억 년※의 진화를 잇는 유산임을 깨달았습니다. 우리는 우리 자신을 더욱 높이고 우리를 낳은 우주를 계속 탐구할지, 아니면 150억 년의 유산을 파괴로 낭비할지 선택할 수 있습니다. 이제 곧 다가올 우주 달력의 다음 해 첫날 무슨 일이 일어날지는 지금까지 우주에서 얻은 지식을 사용해 무엇을 하느냐에 달려 있습니다."

 우주 달력으로 0.2초밖에 살지 못하는 인간 한 명 한 명의 선택이 다음 해 우주 달력을 만들어 낸다. 우주에서 배운 지식을 활용하여 코스모스 씽킹으로 내년을 이어가자.

 ※1980년에는 우주의 나이를 150억 년이라고 생각했다. 그러나 현재 정밀한 관찰 결과에 따르면 우주의 나이는 138억 년이다.

03

✦

Q

지구는 움직이고 있나요?
우리는 왜 그 움직임을 느끼지 못하나요?

A

태양에서 보면 지구는 초속 30㎞로 움직이고 있습니다.
우리은하의 중심에서 보면 초속 220㎞, 팽창하는 우주에서 보면
초속 630㎞로 움직이는 것입니다. 그러나 움직임은 시점에 따라
달라지므로 우리가 보는 위치에서는 움직이고 있지 않은 것이 됩니다.

✦

Message

'볼 수 있는 것'과 '해석할 수 있는 것'은 우리의 시점에 의존합니다. 시점
에 따라 '볼 수 있는 것'과 '해석할 수 있는 것'은 달라집니다.

움직임은 시점에 따라 결정된다

시속 60㎞로 움직이는 전철 안에서 점프하면 원래 점프했던 자리에 착지한다. 전철은 움직이고 있는데 어째서일까? 전철 안에서 보면 정지해 있는 상태이기 때문이다. 그래서 운동장이나 방안에서 점프하든, 소리나 마찰 없이 매끄럽게 달리는 전철 안에서 점프하든 반드시 원래 자리에 착지하는 것이다.

하지만 점프하는 우리의 모습을 전철 바깥에서 보면 우리는 점프한 지점에서 전철이 움직이는 방향으로 약 17m 앞에 착지한다. 이는 점프하든 안 하든 시속 60㎞, 즉 1초에 17m씩 전철이 움직이기 때문이다.

사물의 움직임에는 크기와 방향이 있다. 이 움직임은 무엇을 기준으로 삼느냐 하는 시점에 따라 달라진다. 사물의 움직임은 단위 시간 내에 어느 방향으로 얼마나 움직였느냐로 나타낸다. 이를 속도라 한다. 그러므로 "당신의 속도는 얼마인가요?"라는 질문을 받으면 "어디서 보았을 때 말인가요?"라고 되물어야 한다.

당신의 속도는?

지구 표면에서 보면 땅을 딛고 서 있는 우리의 속도는 0이다. 그래서 점프하면 반드시 같은 자리에 착지한다. 지구의 중심에서 볼 때 우리의 속도는 적도 위에 있다면 초속 460m, 일본(도쿄)에 있다면 초속 380m, 북극점에 있다면 초속 0m다.

지구는 북극점과 남극점을 연결하는 축을 중심으로 마치 팽이와 같이 회전(자전)하므로 우리도 함께 자전한다. 그래서 우리가 움직이는 방향은 항상 변화하는 것이다.

지구의 속도는?

태양계의 중심인 태양에서 보면 지구의 속도는 초속 30km이며 지구는 태양의 주위를 공전한다(1년 동안 한 바퀴 돈다). 우리도 지구 어디에 있든 태양에서 보면 초속 30km로 움직이는 것이다(자전으로 인한 차이는 1% 이하이므로 무시할 수 있다). 이것은 1초 만에 도쿄에서 요코하마까지 갈 수 있는 빠르기다.

태양의 속도는?

지구에 있는 우리가 보면 태양의 속도는 초속 30㎞가 된다. 과학혁명 이전의 사람들은 태양이 지구의 주위를 돈다는 천동설을 믿었는데, 인간의 시점에서 보면 실제로 그렇다.[3]

그러나 우리은하의 중심에서 보면 태양 및 태양계의 속도는 약 초속 220㎞다. 초속 220㎞로 우리도 움직이는 것이다. 이는 1초에 도쿄에서 서쪽 해안까지 갈 수 있는 빠르기다. 태양 및 태양계는 2억 수천만 년에 한 번 우리은하를 한 바퀴 돈다.

우리은하의 속도는?

안드로메다은하에서 보면 우리은하의 속도는 초속 110㎞다. 반대로 우리은하에서 보면 안드로메다은하의 속도가 초속 110㎞가 된다. 두 은하는 중력에 이끌려 서로를 향해 움직이고 있으며 둘 중 어느 쪽이 움직이는지 알 수 없다. 움직임은 상대적이며 시점에 따라 달라지기 때문이다.

우주 전체로 보면 우리은하의 속도는 초속 630㎞다. 우리은하와 안드로메다은하가 속한 국부 은하군은 라니아케아 초은하단의 일부인 거대 인력체Great attractor의 방향으로 움직이고 있다[그림 5]. 그로 인해 우주에서 보면 우리도 1초에 630㎞나 움직이는 것으로 보인다.

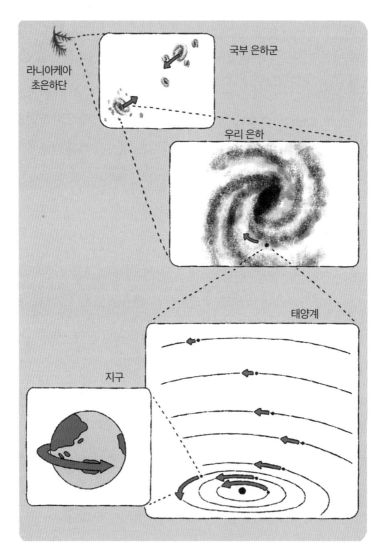

라니아케아
초은하단

국부 은하군

우리 은하

태양계

지구

[그림 5]

해석은 시점에 의존한다

움직임의 해석은 시점에 따라 결정된다. 어디서 보느냐에 따라 달라지므로 상대적이다. 움직임뿐만이 아니라 위치도 시점에 따라 결정된다. 이 장 첫머리에서 소개한 우주 주소도 지구에 사는 우리의 시점에서 해석한 주소다. 그래서 멀리 떨어진 은하의 행성에 사는 생명체에게는 무의미하다.[4]

나아가 시간도 시점에 따라 결정된다. 지극히 상대적이며 개인적이다. 서로 다른 곳에 있는 사람의 시계는 서로 다르게 움직인다. 무엇을 보는지, 무엇이 보이는지, 무엇을 해석할 수 있는지는 모두 개인의 시점에 의존한다.

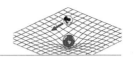

컵에 물이 절반 차 있다. 그것을 보고 물이 반이나 있다고 생각할 수 있고 반밖에 없다고 생각할 수도 있다. 같은 대상이라도 개인의 시점에 따라 보는 것과 해석이 다르다.

시점이란 무엇을 보려고 하는가, 무엇을 알고 싶은가 등 '무엇'이라는 현실의 대상이 있어야 한다. 그 대상을 어떻게 보느냐 하는 방법, 어떻게 마주할 것인가 하는 자세(태도)를 시점이라 한다. 영어로 perspective(관점)이다.

시점은 뇌 속에 있는 데이터에 따라 결정된다. 데이터는 원칙적으로 가정과 가설이다. 가정과 가설의 검증 결과는 개념으로 발전하는데 새로운 증거가 나타나면 개념도 변화되거나 부정된다.

과거의 데이터는 한정되어 있으므로 시점도 필연적으로 한정된다. 현실의 대상에서 무엇을 볼지 결정하는 것은 한정된 시점이며, 본 정보는 그 시점을 낳은 뇌의 한정된 과거 데이터에 따라 해석된다.※ 다시 말해 무엇을 볼 수 있는지, 무엇을 해석할 수 있는지 결정하는 것은 시점이다. 시점에 의존한 관찰과 측정 결과에 따라 현실의 한 가지 측면을 해석할 뿐이다.

※ 이 책에서는 '보기'라는 말이 눈으로 보는 것뿐만이 아니라 '듣기', '만지기' 등 환경에서 정보를 얻는 행위를 통해 뇌가 해석을 내리는 일련의 과정(흐름)이라는 추상적인 뜻으로 사용한다.

04

우리 인간은 누가 만들었나요?

별이 우리를 만들었습니다. 우리는 별에서 생겨난 '별의 아이'입니다.
별은 평생 인간의 재료인 산소, 탄소, 철 등 원자를 만들어 냅니다.

Message

우리 한 사람 한 사람 안에는 우주가 있고, 내부의 우주와 외부의 우주는
연결되어 있습니다. 모든 별의 아이는 서로 연결되어 있습니다.

우리는 원자로 이루어져 있다

원소 주기율표를 떠올려 보자. 우리 몸은 질량이 큰 순서대로 살펴보면 산소(65%), 탄소(18%), 수소(10%), 질소(3%)로 이루어져 있다. 그 외에 칼슘, 철, 아이오딘 등의 원자도 있다(4%). 우리는 별의 파편으로 이루어진 '별의 아이'다.

빅뱅이 원자를 만들어 내고 별이 생겨난다

138억 년 전 빅뱅의 에너지로 수많은 입자가 생겨났다. 그중에서 양성자에 전자가 달라붙어 수소 원자가 되었다. 또 일부 양성자가 융합한(핵융합) 것에 전자가 달라붙어 헬륨 원자가 생겨났다.[5] 그 수소와 헬륨에서 생겨난 별들이 수소나 헬륨보다 무거운 원자를 만들어 냈다.

별이 원자를 만들다

별(항성)은 태양 질량의 8배를 기준으로 저질량 항성과 고질량 항성으로 나뉜다. 고질량 항성은 전체의 1% 이하이고 거의 모든 항성은 저질량 항성이다. 저질량 항성과 고질량 항성은 살아가는 모습도 다르고 죽는 방식도 달라 각 과정에서 생겨나는 원자도 다르다.

별은 온도가 1천만 도 이상인 중심핵에서 핵융합[6]으로 수소 4개를 합쳐 헬륨을 만들며 빛난다. 태양도 매초 끊임없이 대략 6억 톤의 헬륨을 만들며 빛을 낸다. 중심핵의 헬륨이 고갈되면 핵은 더욱 수축하며 탄소를 만들기 시작하는데, 여기서부터 저질량 항성과 고질량 항성의 차이가 생긴다.

탄소나 질소보다 무거운 원소를 만드는 핵융합이 일어나기 위해서는 중심핵이 중력보다 더 고온(5억 도)에 달할 필요가 있다. 태양 같은 저질량 항성의 핵은 이 온도에 도달하지 못한다. 탄소보다 무거운 중원소, 예를 들어 산소, 네온, 칼슘, 철까지 만들어 내는 고질량 항성만이 가능하다.

항성풍이 원자를 옮기다

저질량 항성의 바깥층은 핵융합이 멈추면 별의 바람(항성풍)으로 벗겨져 나간다. 우리 몸속의 탄소와 질소는 주로 항성풍에 실려 온 것이다.

초신성 폭발이 원자를 옮기다

고질량 항성은 점점 무거운 원소를 융합시켜 나가고, 중심핵이 전부 철이 되면 핵융합은 멈춘다. 철은 가장 안정된 원자이므로 철을 융합해 철보다 무거운 원소를 만들 수는 없다. 그러나 그 이상의 핵융합으로 스스로 질량을 지탱할 수 없게 된 별의 핵은 중력 붕괴를 일으켜 폭발한다. 이것이 초신성 폭발이다. 우리 몸속의 산소와 마그네슘은 그 충격파를 타고 왔다. 우리 몸속의 철 중 3분의 1도 이 충격파에 실려 왔다.

백색왜성이 원자를 만들고, 백색왜성 초신성 폭발이 원자를 옮기다

우리 몸속의 나머지 3분의 2의 철은 어디에서 왔을까?

저질량 항성의 바깥층이 항성풍으로 날아간 후 드러난 별의 핵이 백색왜성이다. 백색왜성이 연성連星인 경우 이웃한 별의 바깥층(가스)을 끌어당길 수 있다. 그 끌어당긴 가스의 무게를 스스로 견디지 못하면 백색왜성은 수축하며 온도가 높아진다. 그 후에는 폭발적으로 핵융합을 일으켜 몇 초 만에 초신성 폭발이 발생한다. 우리 몸속의 철 중 3분의 2는 이처럼 백색왜성이 만들고 초신성 폭발의 충격파에 실려 온 것이다.

초신성 폭발의 에너지가 원자를 만들고 옮기다

우리 몸속에는 철보다 무거운 원자, 예를 들어 코발트, 구리, 아연이 있다. 이러한 중원소는 고질량 항성 및 백색왜성의 초신성 폭발 에너지에서 생겨나 충격파에 실려 왔다.

중성자별 합체의 에너지가 원자를 만들고 옮긴다

고질량 항성이 초신성 폭발을 일으킨 후 남은 핵을 중성자별이라고 한다. 두 중성자별이 연성인 경우 둘은 언젠가 합체한다. 합체할 때 나오는 에너지로 우리의 몸에 있는 가장 무거운 원자들, 예를 들어 몰리브덴과 아이오딘이 생성되고 중성미자의 충격파에 실려 온다. 중성자별이 합체할 때 지구의 수백 개에 해당하는 양의 금과 백금도 만들어진다. 그러나 중성자별 합체는 매우 드물기 때문에 지구에서도 금과 백금은 희귀한 귀금속이다.

이처럼 우리의 몸은 별이 만들어 낸 원자들로 이루어져 있다. 빅뱅과 별이 만들어 낸 10^{28}개의 원자가 우리의 몸에 있는 것이다. 그래서 우리의 몸에는 수많은 별이 빛나고, 폭발하고, 합체하고, 최후의 최후까지 살아온 이야기가 담겨 있다. 우리는 '별의 아이'다.

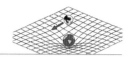

우리는 우주와 똑같은 성분으로 이루어졌으며 수많은 별의 삶을 이어받았다. 그래서 우리는 우주와 연결되어 있고 우리 내부에는 우주가 있다. 나아가 우리는 인류 전체와 연결되어 있으며 지구의 모든 생명과도 연결되어 있다.

오늘 우리가 마신 물에는 클레오파트라의 몸을 통과한 물 분자가 있고, 오다 노부나가의 내장을 지난 물 분자가 있다. 지구상의 모든 물을 컵에 담아도 10^{19}컵밖에 되지 않는다는 사실을 생각하면 컵에 가득 찬 물에는 대략 10^{25}개의 수소와 산소가 있다. 통계 확률적으로 그렇게 된다. 우리는 살아있는 모든 인류 및 생명과 똑같은 물 분자를 공유한다.

공기도 마찬가지다. 오늘 우리는 멀리 떨어진 곳에 사는 사랑하는 사람이 들이마신 공기 분자를 들이마시고 케냐의 사자가 들이마신 공기 분자를 들이마시고 있다.

또 우리가 별의 아이라면 다른 모든 생명도 별의 아이다. 침팬지와 우리의 DNA는 99% 일치한다. 지금으로부터 약 600만~700만 년을 거슬러 올라가면 인간과 침팬지의 공통된 할머니를 만날 수 있다. 우주 달력에서는 겨우 4시간 전이다. 바나나조차도 DNA의 절반은 우리와 완전히 일치한다.

인간의 몸은 거의 30조 개의 세포로 이루어져 있다. 그리고 매일 3천3백억 개의 세포가 재생된다. 우리의 몸이 매일 새로워지는 것이다. 물론 수십 년 이상 쓰이는 장기와 근육도 있지만 똑같은 원자가 모든 생명을 통과하고 생명을 살리며 이어간다.

우주는 우리의 내부에 있다. 생명, 사랑, 죽음, 보이지 않는 공간, 과거와 미래의 시간 모두가 우주다. 별의 아이인 우리도 곧 우주다.

COSMOS
THINKING

우주는 무엇으로
이루어져 있을까?

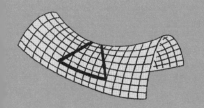

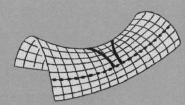

2장

01

Q

빛이란 무엇인가요?

A

빛은 전기와 자기를 운반하는 파도, 전자파입니다.

Message

우리는 빛나고 있습니다. 그 빛이 보이지 않는다면 그것은 시점의 문제
입니다. 보는 쪽의 한계일 뿐입니다.

빛은 전자파

전자파는 전기와 자기를 옮기는 파도다. 형태가 규칙적으로 계속해서 오르락내리락하는 것이 파도인데 전기와 자기의 진동이 파도를 만들어 내는 게 빛이다. 이 반복되는 파도의 길이를 하나의 단위로 파장이라고 부른다[그림 6, 윗부분].

눈에 보이는 빛만 빛이 아니다. 다양한 형태의 빛이 있고, 우리 주위에도 여러 형태의 빛이 존재한다. 다양한 형태를 가진 빛의 성질을 이해하기 위해 파장이 짧은 것부터 긴 것의 순서로 감마선, 엑스선, 자외선, 가시광선, 적외선, 전파(마이크로파 포함)라 부른다. 빛의 에너지는 파장에 반비례하므로 파장이 짧을수록 에너지가 높다[그림 6, 아랫부분].

물체의 빛

우주에서 온도가 있는 모든 물체는 빛을 발한다. 물체는 전기(전하)가 있는 입자(전자와 양성자 등)로 이루어져 있고 온도는 그 입자들의 움직임을 나타내는 양이다. 전하는 가속하고 진동하며 전자파(빛)를 발하므로 온도가 있는 모든 물체는 빛을 발한다. 이것을 '열복사'라 부른다.[1]

또 물체의 온도와 무관하게 움직이는 전하도 빛을 발하고(비열적 복사), 각각의 원자와 분자도 저마다 독특한 빛을 발한다. 그러므로 우리에게도 빛이 있으며 우주는 빛으로 가득 차 있다.

그 빛이 보이지 않으면 시점을 바꿔야 한다. 자신에게 보이는 적절한 파장을 선택할 필요가 있다. 눈에 보이는 대상이라도 파장을 전환하면 새로운 빛이 보인다. 감마선, 엑스선, 자외선, 가시광선, 적외선, 전파 등 각 빛의 특징과 그 파장을 통해 볼 수 있는 것들을 생각해 보자.

감마선

감마선은 원자보다 파장이 짧고 에너지가 가장 높은 빛이다. 인간의 몸을 관통해 세포와 DNA를 죽이는 매우 위험한 빛이다. 원자력 발전 폐기물도 감마선을 방출한다(핵분열). 인체에 영향을 줄 만큼은 아니지만 바나나와 아보카도도 감마선을 방출한다.

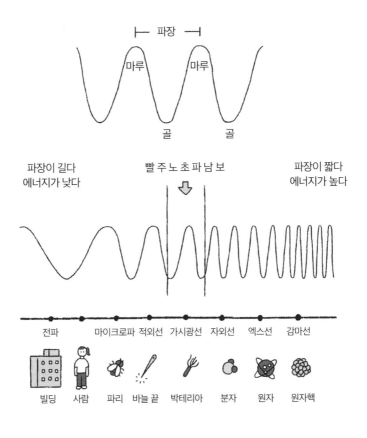

[그림 6]

원래 태양의 에너지원은 감마선이다. 태양의 중심핵에서 수소 4개가 헬륨이 될 때(핵융합) 생겨난다. 10만 년 정도 걸려 태양 표면에 도달하고, 그 과정에서 에너지가 줄어들어 가시광선이 되는 것이다.

감마선으로 관찰할 수 있는 천체로는 별이 폭발할 때와 합체할 때 일어나는 감마선 폭발이 있다. 감마선 폭발은 태양이 평생(100억 년) 방출하는 에너지를 단 10초 동안에 방출한다.

엑스선

엑스선 파장은 원자 크기와 같이 1천만분의 1㎜다. 감마선 다음으로 에너지가 높은 빛이어서 인간에게 위험하다. 그러나 자연에 존재하는 정도의 양은 엑스선 촬영 등에 사용해도 인체에 영향을 주지 않는다. 엑스선 촬영은 몸을 통과한 엑스선의 강약으로 몸의 상태를 영상화한다. 엑스선은 밀도가 낮은 피부나 근육은 통과하고 밀도가 높은 뼈는 통과하지 못하는 원리로 우리 몸속을 보여 준다.

엑스선으로 관찰할 수 있는 천체의 예로는 초신성의 잔해(폭발의 충격파 때문에 가열된 가스), 블랙홀의 강착원반(블랙홀에 이끌려 가열된 가스), 태양의 코로나(태양의 바깥층 가스) 등이 있다. 모두 가스가 100만 도에서 수천만 도로 가열된 고에너지 천체다.

고온 고에너지 천체를 관찰할 때는 우주망원경을 사용한다. 지구의 대기는 우주에서 오는 엑스선과 감마선을 차단하기 때문이다. 이런 차단이 없으면 우리는 죽고 말 것이다. 지구의 대기를 소중히 여기자.

자외선

자외선으로 관찰할 수 있는 대표적인 천체는 태양 질량의 8배 이상인 고질량 항성이다. 고질량 항성의 표면 온도는 수만 도 이상이다.

자외선의 파장은 분자 크기에서 바이러스 크기 사이다. 태양의 자외선 중 일부는 대기를 통과해 지상에 내리쬐지만, 인체는 통과하지 않고 피부 세포에 흡수된다. 자외선은 비타민D의 생성을 위해 인체에 필요하다. 하지만 파장이 짧은 자외선은 피부암을 유발하고 파장이 긴 자외선도 장시간에 걸쳐 피부를 퇴화시킨다. 그러므로 자외선 차단제로 피부를 보호해야 한다.

우리는 자외선을 볼 수 없지만 벌은 자외선을 본다. 빨간색이나 노란색 단색으로 보이는 꽃을 벌의 자외선 시각으로 보면 꽃잎 한 장 한 장에 무늬가 보이고 꽃가루가 있는 곳이 부각되어 보인다. 이를 벌이 보고 꿀과 꽃가루를 채취하는 것이다.

가시광선

가시광선은 인간에게 가장 중요한 빛이다. 가시광선이 없으면 우리는 아무것도 보지 못한다. 생명은 주로 가시광선을 발하는 햇빛 아래에서 진화해 왔기에 우리 인간을 포함한 지구상의 생물들은 가시광선 시야를 가지고 있다.

가시광선 중 파장이 가장 긴 빛은 인간에게 빨간색으로 보인다. 그다음으로 파장이 긴 것부터 순서를 따지면 주황색, 노란색, 초록색, 파란색, 남색이다. 파장이 가장 짧은 빛은 보라색이다. 하늘에 뜨는 일곱 빛깔 무지개는 대기 중의 수증기가 태양의 가시광선을 파장별로 나눌 때 나타나는 현상이다.

지구에 내리쬐는 햇빛은 표면 온도가 5,800K인 태양의 대기(광구)에서 비롯되는 열복사다. 우주는 열복사로 헤아릴 수 없이 많은 별이 빛나고 있다. 온도가 높은 별들은 주로 자외선을, 태양과 같은 별들은 주로 가시광선을, 온도가 낮은 별들은 다음에 설명할 적외선을 주로 방출한다.

적외선

우리도 온도가 있으며 적외선으로 빛난다. 우리의 빛은 대략 100와트 전구 몇 개에 해당한다. 적외선 시야로 보면 우리는 밤에도 반짝반짝 빛난다. 인간에게 적외선 시야가 있었다면 어둠에서 눈을 감아도 자신의 빛이 보일 테니 잠도 잘 수 없을 것이다.

지구를 포함해 지구상의 모든 물체는 주로 적외선 영역에서 열복사를 일으킨다. 차가운 얼음도 인간과 마찬가지로 적외선을 방출한다.

적외선의 파장은 1천분의 1㎜에서 10분의 1㎜ 길이다. 바늘 끝의 크기에 해당한다. 적외선으로 관찰할 수 있는 천체는 태양 질량의 절반 이하인 작은 항성, 행성, 원시성, 성간과 은하 간에 분포하는 고체 미립자, 유기물 같은 먼지이다.

전파(마이크로파 포함)

파장이 가장 길고 에너지가 가장 낮은 빛이 전파이다. 파장이 1㎜에서 수십 ㎝에 이르는 것을 마이크로파라고 부른다. 전화나 와이파이 같은 통신은 항상 전파나 마이크로파를 사용한다. 분자나 세포, 먼지보다도 파장이 긴 전파와 마이크로파는 그것들을 모두 무시하고 통과할 수 있기 때문이다. 그리고 대기와 벽도 통과할 수 있으며, 제방을 무시하고 덮치는 커다란 파도나 개미를 밟고 지나가는 인간과 같다.

전파로 관찰할 수 있는 천체에는 고속으로 회전하는 중성자별 펄서, 은하의 원반을 구성하는 수소 가스가 있는데, 이러한 천체가 발하는 전파는 열복사가 아니다. 전자의 경우는 자장으로 가속하는 입자가 발하는 빛이고, 후자의 경우는 수소 내의 전자 전이로 방출되는 빛이다.

이 파장 영역에서 열복사를 일으키는 건 우주 자체를 예로 들 수 있다. 우주는 현재 2.7K의 온도에 해당하는 빛을 발하고 있어 마이크로파로 관찰할 수 있다. 이것이 빅뱅의 잔광, 우주 마이크로파 배경 복사다.

우주의 빛, 그리고 우리의 빛

빛은 전자파이며 다양한 파장을 가진다. 그러므로 물체가 발하는 빛을 관찰하기 위해서는 적절한 파장을 선택할 필요가 있다. 태양의 대기는 가시광선으로는 관찰할 수 있지만 엑스선이나 전파로는 관찰할 수 없다. 그리고 태양의 바깥층과 태양 코로나는 엑스선으로는 관찰할 수 있지만 가시광선이나 적외선으로는 관찰할 수 없다. 우주를 알기 위해서는 여러 파장을 다각적인 시점에서 볼 필요가 있다.

빛에는 다양한 파장이 있다. "무엇이 어떤 빛을 내는가?"는 어떤 망원경을 사용해 어떤 파장 영역에서 어떻게 관찰하느냐, 다시 말해 관찰자의 시점에 달려 있다. 그리고 우리의 빛도 관찰자의 시점에 따라 달라진다.

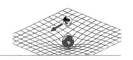

자신의 빛이 보이는가? 자신의 빛이 보이지 않는다면 시점을 바꿔 보자. 주변 사람들의 빛이 보이는가? 만약 찬란하게 빛나는 사람이 있다면 그 사람의 빛이 보이는 시점에서 당신이 그를 보고 있기 때문이다. 계속 그 시점에 서 있다면 다른 파장 영역에서 빛나는 다른 수많은 사람의 빛은 보지 못한다.

사람들은 저마다 다른 파장에서 다양한 파장 패턴으로 빛난다. 그 빛이 보이지 않는다면 보는 사람의 시점이 한정되어 있기 때문이다. 그러므로 그 사람에게 어떤 결점이 있다면 보는 쪽의 문제다.

시점을 바꾸면 다양한 빛이 보이기 시작한다. 자기 자신의 빛도 보인다. 그리고 자신이 빛날 수 있는 파장이 하나가 아니라 여러 개라는 사실도 이해하게 된다.

02

Q

양자란 무엇인가요?

A

양자는 물질을 구성하는 미세한 입자입니다. 덩어리처럼 보이지만
폭넓은 파도처럼 보이기도 합니다. 그 위치를 알면 움직임을 알 수 없고
움직임을 알면 위치를 알 수 없다는 불확정성이 있습니다.
양자의 예로는 빛과 전자가 있습니다.

Message

우리는 현실을 볼 수 없습니다. 과거가 시점을 제한하는데 이런 제한된
시점으로 보는 현실은 부분적입니다. 그러나 부분과 부분을 서로 보완하
면 현실을 그려 낼 수 있습니다.

양자는 입자이자 파동(이중슬릿 실험)

두 개의 틈새(이하 '이중슬릿')를 향해 테니스공을 던지면, 틈새를 통과하지 못해 튕겨 나가는 경우를 제외하고 테니스공은 두 틈새 중 하나를 통과해서 그 뒤의 벽에 부딪힌다. 그 부딪힌 궤적을 기록하면 뒤의 벽에는 띠가 두 개 생겨난다[그림 7, 오른쪽]. 테니스공은 물질로 이루어진 덩어리, 즉 입자이기 때문에 움직임이 드러나는 것이다.

이번에는 이중슬릿에 어떤 일정한 파장을 가진 빛을 비춘다. 두 슬릿의 폭과 위치는 그 빛의 파장에 비례해 작게 만든다. 뒤의 벽에는 빛이 강한 부분과 약한 부분이 생긴다[그림 7, 왼쪽]. 빛은 파동(전자파)이기 때문이다. 파동은 서로 겹쳐 강해지기도 하고 약해지기도 한다. 이것을 파동 간섭이라고 한다.

이번에는 빛이 아니라 전자를 이중슬릿에 방출하면 전자는 벽의 어디에서 관찰될까? 정답은 빛을 비췄을 때와 같이 벽에 전자의 간섭 패턴이 생겨난다[그림 8, 오른쪽]. 전자를 하나씩 방출해도 간섭 패턴은 똑같다. 전자도 파동(물질파)이기 때문이다. 전자에도 파장이 있다. 이 파장은 전자의 움직임을 나타낸다.[2] 격렬한 움직임은 파장이 짧고 완만한 움직임은 파장이 길다.

한편 전자 하나하나가 슬릿을 통과할 때 그 전자가 어느 슬릿을 통과하는지 관찰하면 간섭 패턴이 사라지고 띠 두 개가 생겨난다[그림 8, 왼쪽]. 전자는 더 이상 파동이 아니라 테니스공과 같은 입자이다.

빛도 똑같은 현상이 일어난다. 빛의 최소 단위인 광자를 하나씩 이중슬릿에 방출하면 간섭 패턴이 나타나지만[그림 7, 왼쪽] 슬릿을 통과하기 전에 광자의 위치를 관찰하면 간섭은 사라지고 띠 두 개가 생긴다[그림 8, 왼쪽].

양자는 파동이자 입자다(파동-입자 이중성). 정확히는 보는 시점에 따라 파동이 되기도 하고 입자가 되기도 한다.

이 '파동-입자 이중성'의 근간에는 위치를 알면 움직임을 알 수 없고, 움직임을 알면 위치를 알 수 없다는 양자의 불확정한 세계가 있다. 위치와 움직임뿐 아니라 우리가 관찰하는 양, 이를테면 에너지와 시간에서도 하나의 양을 알면 다른 하나의 양을 알 수 없게 되는 불확정성이 있다. 거꾸로 말하면 이 불확정성이 있는 존재가 양자다. 양자의 불확정성을 '베르너 하이젠베르크의 불확정성 원리'라고 말한다.

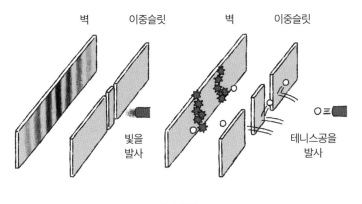

벽　　　이중슬릿　　　벽　　　이중슬릿

빛을
발사

테니스공을
발사

[그림 7]

전자를 발사

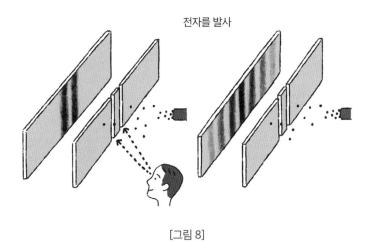

[그림 8]

양자 괴도 뤼팽은 체포할 수 없다(불확정성 원리)

예를 들어 괴도 뤼팽이 양자 크기라면 절대 체포할 수 없다. 양자 크기의 뤼팽(이하 양자 뤼팽)이 도둑질하는 사실(움직임)을 알면 양자 뤼팽이 어디에 있는지는(위치) 알 수 없기 때문이다[그림 9].

양자 뤼팽의 이야기로 들어가기 전에 한 가지 분명하게 해 둘 이야기가 있다. 파동이란 진동하는 것이므로 '움직임'을 나타낸다. 앞에서 파동의 에너지는 파장에 반비례한다고 언급했는데, 에너지와 '움직임'은 관련이 있으므로 파장은 '움직임'을 나타낸다. 이를테면 파장이 짧은 파동은 큰 '움직임'을 나타내고, 파장이 긴 파동은 작은 '움직임'을 나타낸다. 양자는 파동이므로 그 파장은 양자의 '움직임'이 된다.

양자 뤼팽의 이야기로 돌아가 보자. 양자 뤼팽이 도둑질하는 사실을 알았다면, 다시 말해 양자 뤼팽의 '움직임'을 확정했다면 특정한 파장을 가진 파동으로 나타낼 수 있다.

특정한 파장을 가진 파동인 양자 뤼팽을 종이에 그려 보자. 파동은 시작도 없고 끝도 없으므로 종이가 무한히 필요해진다. 무한히 뻗어가는 파동인 양자 뤼팽의 위치는 어디일까? 무한이다. 양자 뤼팽은 무한한 공간 어디에 있어도 이상하지 않다. 서로 동등한 확률로 모든 장소에 존재하는 상태다[그림 9]. '움직임'이 확정되면 '위치'를 알 수 없게 되므로 양자 뤼팽을 붙잡을 방법은 없다.

[그림 9]

반대로 양자 뤼팽이 어디 있는지 '위치'를 확정했다면 양자 뤼팽은 특정한 장소에 존재하는 입자로 나타낼 수 있다. 입자의 '움직임' 즉 파장은 무엇일까? 입자의 '움직임'을 알기 위해서는 공간 속 어느 한정된 한 점(입자)에 존재하는 파동을 상상해야 한다.

파동에는 높은 부분과 낮은 부분이 있다. 두 파동을 서로 겹쳤을 때 높은 부분과 높은 부분이 서로 겹치면 파동은 더 높아진다. 높은 부분과 낮은 부분이 서로 겹치면 파동은 사라진다[그림 10].

이 방법으로 수많은 파장의 파동을 겹치면 공간이 제한된 지점에서만 높이가 있는 파동을 만들 수 있다. 입자란 다양한 파장의 파동을 겹친 것이다. 다시 말해 입자는 수많은 '움직임'의 모임이다.

양자 뤼팽은 도둑질하고, 운전하고, 집에서 책을 읽고, 잠을 자는

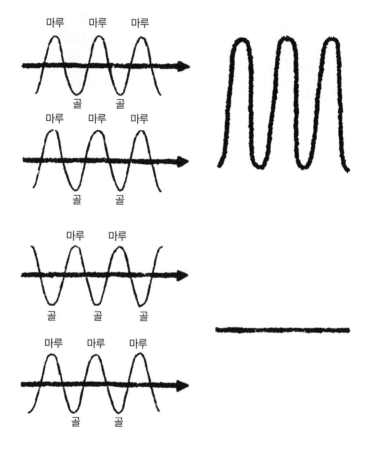

[그림 10]

[그림 11]

등 모든 움직임이 입자 속에 있는 상태다[그림 11]. '위치'가 확정되면 '움직임'을 알 수 없으므로 양자 뤼팽을 현행범으로 체포하는 일은 불가능하다.

설령 증거가 있다 해도 양자 뤼팽을 붙잡을 수는 없다. 양자 뤼팽은 정지하는 일이 없기 때문이다. 양자 뤼팽이 '위치'를 확정하면 그 '움직임'이 불확정해지므로 양자 뤼팽이 다음 순간 어떤 '움직임'을 취할지, 어디로 갈지 알 수 없다. 양자 뤼팽이 어떤 '위치' 부근에 있다고 예상하는 순간, 이미 양자 뤼팽은 그곳에 없는 것이다.

양자의 '위치'와 '움직임'을 동시에 정확하게 측정할 수는 없다. 이것이 하이젠베르크의 불확정성 원리다. 양자의 세계는 불확정하다. 그러니 체포를 포기할 수밖에!

고양이와 인간도 입자이자 파동이다?

양자의 세계는 위치와 움직임을 동시에 알 수 없다. 알려고 하면 불확정성이 따라다니는 이상한 세계다. 그래서 양자는 보기에 따라 입자로 보이기도 하고 파동으로 보이기도 한다. 하지만 고양이나 인간이 파동으로 보이는 일은 없다. 고양이나 인간이 동시에 두 곳에 존재하거나, 죽어 있는 동시에 살아있을 수 없기 때문이다. 우리가 감지할 수 있는 거시적인 세계는 양자의 세계와는 완전히 다르다. 그러면 어디까지가 미시적인 양자의 세계이고 어디서부터가 거시적인 세계일까?

사실 빛과 양자뿐 아니라 원자와 분자도 보는 방법에 따라 입자가 될 수도 있고 파동이 될 수 있다. 그렇다면 양자인 원자와 분자로 이루어진 테니스공, 고양이, 인간은 어째서 양자가 아닐까? 양자가 아닐 이유는 전혀 없다.

불확정한 미시적 세계와 불확정성이 드러나지 않는 거시적 세계에는 구별은 있어도 명확한 경계는 없다. 미시와 거시의 구별이 있는 이유에는 다양한 해석이 있으나 확실한 하나의 정답은 없다.

시점과 상보성

우리의 우주, 현실의 밑바탕에는 양자의 세계가 있다. 이 양자의 세계를 볼 수 있는 것과 알 수 있는 것은 우리가 어떻게 보고 무엇을 알고자 하느냐 하는 시점에 따라 달라진다. 위치를 알고자 하는 시점에서 보면 위치는 정확히 측정할 수 있지만 움직임은 알 수 없다. 반면 움직임을 알고자 하는 시점에서 보면 움직임은 정확히 측정할 수 있어도 위치는 알 수 없다. 하나의 시점에서는 현실의 한 측면밖에 정확히 볼 수 없는 것이다.

위치와 움직임을 동시에 보거나 알 수 없으므로 시점을 바꾸어 가며 두 가지를 각각 보아야 한다. 그리고 이 두 가지는 서로를 보완하며 전체를 그린다. 이것을 상보성이라고 한다.[3] 동시에 측정할 수 없는 양 또는 현상이 서로 보완하는 작용이다.

우리는 현실을 볼 수 없다. 우리가 보는 것과 해석하는 것은 현실의 한 측면이나 한 부분에 불과하기 때문이다. 양자 수준만이 아니라 인간의 뇌 수준도 똑같다.

첫째, 우리는 과거에 본 적 없는 대상은 볼 수 없다. 이를테면《월리를 찾아라》시리즈에 숨은 '무언가'를 찾는 일은 쉽지 않다. 비슷한 상황의 비슷한 경험이 뇌에 입력되지 않았기 때문에 뇌는 적절한 시점을 정하지 못하고 찾는 대상을 얼른 보지 못한다. 반대로 한 번 찾아낸 '무언가'는 쉽게 볼 수 있다. 다시 말해 과거에 본 것은 금세 볼 수 있다는 것이다. 그런 의미에서 이미 본 것을 보지 못하는 일은 불가능해진다.

둘째, 우리는 과거에 도움이 되었던 것을 본다. 우리는 무수한 조상의 과거 기억을 물려받아 뱀을 피하고(예: 독사에 물린 적이 있다), 낭떠러지 앞에서 발을 멈춘다(예: 높은 곳에서 떨어져서 다친 적이 있다). 또 과거의 기억을 바탕으로 좌우를 둘러본 후 길을 건너고(예: 차에 치일 뻔한 적이 있다), 입에 발린 말을 하며

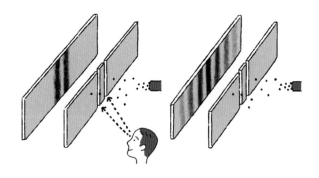

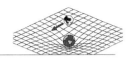

다가오는 사람을 경계하게 된다(예: 남에게 속은 적이 있다). 우리의 내면에는 과거에 도움이 되었던 것을 보는 시점이 있다.

셋째, 우리는 과거에 도움이 되었던 데이터를 바탕으로 본 것에 의미를 부여한다. "동그라미와 뾰족뾰족한 모양 중 하나에는 사랑이라는 의미를, 다른 하나에는 미움이라는 의미를 부여한다면 무엇이 사랑이고 무엇이 미움일까?"라는 질문을 받으면 대부분 동그라미가 사랑이고 뾰족뾰족한 모양이 미움이라고 말한다. 그러나 모양 자체에는 의미가 전혀 담겨 있지 않다. 우리가 의미가 없는 정보를 해석해 과거의 데이터를 바탕으로 의미를 부여하는 것이다.

과거는 시점을 제한한다. 따라서 우리가 과거에서 볼 수 있는 것과 해석할 수 있는 것도 제한되어 있다. 과거는 개인적이므로 사람은 각자의 시점에 의존하는 현실을 보고 해석한다. 하나의 시점에서 보는 현실은 부분적이다. 자신의 과거 데이터(가정과 착각)의 제한을 받기에 현실의 전체 모습을 보지 못한다. 그러므로 현실을 더 정확히 보고 싶다면 뇌 속의 데이터를 늘려 여러 개의 시점으로 길러가는 방법밖에 없다. 부분과 부분은 서로를 보완하며 전체를 그려낼 수 있다.

03

Q

원자란 무엇인가요?

A

원자는 우리 자신과 주위의 물질을 이루는 기본 성분입니다.
원자는 원자핵과 전자로 구성됩니다. 원자핵은 양성자와 중성자로
이루어지고 양성자와 중성자는 쿼크와 에너지($E=mc^2$)로 이루어집니다.
물질의 질량은 원자핵 내의 에너지가 만들어 내고 물질의 형태는
전자가 만들어 냅니다.

Message

물질과 인간은 보이지 않는 곳에 엄청난 에너지를 숨기고 있습니다. 각
자 그 에너지를 해방시키는 방법은 놀이일 수도 있고 좋아하는 대상일
수도 있습니다.

원자는 원자핵과 전자로 이루어져 있다

우리는 별이 만들어 낸 다양한 원자로 이루어진 별의 아이들이다. 이를테면 물은 산소 원자와 수소 원자가 결합한 물 분자로 이루어진다. 각 원자는 원자핵과 전자로 이루어져 있다[그림 12]. 원자를 이해하기 위해 원자핵 주위에 전자가 하나뿐인 가장 단순한 수소 원자를 생각해 보자.

수소 원자를 도쿄돔에 비유하면 원자핵은 어느 정도의 크기일까?

정답은 초코볼이다. 예를 들어 도쿄돔에 지붕과 벽이 없다고 생각하고, 그 휑뎅그렁한 공간에 초코볼이 뚝 떨어져 있다고 상상해 보자[그림 13]. 그 조그마한 초코볼이 원자의 질량에서 99.9% 이상을 차지한다. 밀도가 물의 약 100조 배나 되는 최강의 초코볼이다.

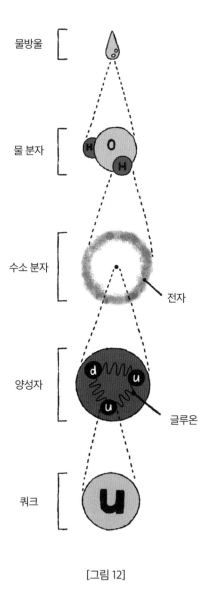

물방울

물 분자

수소 분자

전자

양성자

글루온

쿼크

[그림 12]

[그림 13]

한편 전자의 질량은 원자의 0.1% 이하에 불과해 크기를 알 수 없
다. 원자는 더 이상 작아질 수 없는 물질의 최소 단위인 소립자다.
물리학에서 소립자는 점입자로 불리며 크기는 0으로 간주한다. 현
대 기술로 크기를 측정할 수 없지만, 10^{18}분의 1m 이하라는 사실은
확실하다.

그 크기 없는 전자는 원자 내부 돔 안의 모든 곳에 있다. 전자는
위치를 측정하면 움직임이 불확정해 매 순간 다른 곳에 나타난다.
수많은 원자의 내부를 몇 번이고 거듭 측정해 전자의 위치를 통계적
으로 해석하면 전자는 도쿄돔 안 모든 곳에 존재한다는 사실을 알

전자 구름　　　전자

전자의 파동

양성자

[그림 14]

수 있다. 하나의 전자가 도쿄돔 안 모든 곳에 전자구름처럼 존재한
다고 말할 수도 있고, 도쿄돔이 전자의 파동으로 가득 차 있다고 말
할 수도 있다[그림 14].[4)

　이 도쿄돔 모형은 수소 원자뿐만이 아니라 모든 원자에 적용된
다. 모든 원자의 돔은 얼핏 보면 텅텅 빈 듯 보이지만 사실은 전자의
파동으로 가득 차 있다. 그 전자의 파동이 물질에 형태를 부여한다.
우리의 몸에서 전자를 모두 빼내면 머리카락보다도 더 가늘어지고
말 것이다.

원자핵은 양성자와 중성자로 이루어져 있다

다음으로 원자핵의 구조를 살펴보자. 원자핵은 양성자와 중성자로 이루어지는데, 원자 속 양성자 수가 원자의 화학적 성질을 결정한다. 기본적으로 양성자와 똑같은 수의 중성자가 있고, 그 원자와 아주 비슷하면서 중성자의 수가 다른 원자도 있다.

전기를 띠는 양성자를 '전하電荷'라고 한다. 양성자는 양의 전하를 띠고 중성자는 전하가 없다.

한편 전자는 음의 전하를 띤다. 양성자의 전하와 완전히 똑같은 양이지만 플러스(양)와 마이너스(음)가 다르다. 원자는 중성으로 전하는 플러스마이너스 0이다. 다시 말해 양성자와 똑같은 수의 전자가 있다. 그러므로 양의 전하를 띤 원자핵과 음의 전하를 띤 전자는 자석의 N극과 S극이 서로 이끌리듯 전자기력이라는 전기와 자기의 힘에 끌려 원자 안에 붙들려 있는 것이다.

양성자와 중성자는 쿼크로 이루어져 있다

양성자와 중성자는 각각 3개의 쿼크로 이루어져 있다. 쿼크란 전자와 마찬가지로 그보다 더 작은 크기의 '물질'로 분해할 수 없다. 물질의 최소 단위 소립자로 점입자이며 크기는 0이다. 다시 말해 크기가 없는 것이다(또는 측정할 수 없을 만큼 작다).

쿼크에는 '업, 다운, 참, 스트레인지, 톱, 보텀'의 6종류가 있다. 양성자는 업 쿼크 2개와 다운 쿼크 1개[그림 12], 중성자는 업 쿼크 1개와 다운 쿼크 2개로 이루어진다. 참고로 쿼크의 명칭에 의미는 없다. 그저 이름일 뿐이다.

업 쿼크와 보텀 쿼크의 질량은 각각 전자의 약 4배와 9배로 그다지 무겁지 않다. 그러나 양성자와 중성자의 질량은 전자의 1,836배나 된다. 쿼크 3개를 합쳐도 양성자나 중성자 질량의 2%에 불과하다. 그러므로 원자핵도 속은 텅텅 비어 있는 것이다. 그러면 나머지 98%는 무엇으로 이루어진 것일까?

양성자와 중성자는 에너지로 이루어져 있다: E=mc²

양성자 속에서는 쿼크 3개가 광속에 가까운 속도로 움직이며 운동에너지를 발산한다. 그럼에도 빠르게 돌아다니는 쿼크가 밖으로 튀어 나가지 않는 이유는 우주 최강의 힘, 즉 강력한 핵의 힘이 작동하기 때문이다.

쿼크가 용수철5) 끝에 연결되어 있고 쿼크가 튀어 나가지 않도록 용수철이 오므라드는 모습을 상상해 보자[그림 12]. 이 힘이 작용하는 양성자의 내부에는 쿼크를 원래 자리로 돌려놓을 가능성이 있는 에너지인 위치에너지가 있다. 이 운동에너지와 위치에너지의 총량이 양자의 질량 중 98%를 차지한다.

질량은 에너지다. 그야말로 E=mc²다.

알베르트 아인슈타인의 유명한 공식 $E=mc^2$을 본 적이 있을 것이다. 이 공식의 또 다른 해석은 질량이 에너지로 변환됨을 나타낸다고 보는데(예를 들어 원자폭탄을 설명할 때 이용하는 해석이다), 이는 틀린 해석이다. 아인슈타인의 원래 논문에는 '$m=E/c^2$'이라고 쓰여 있었다. '에너지가 질량으로 발현된다=질량은 에너지다'라는 의미의 관계식이다.

양성자의 질량도 $m=E/c^2$이다. 양성자 속은 얼핏 보면 텅 비어 있는 듯하지만 사실은 에너지가 넘쳐흐른다. 그 에너지가 양성자의 질량이다. 중성자도 마찬가지다. 그러므로 원자로 이루어진 우리의 질량도 에너지다.[6]

텅 비어 보이는 원자 속에는 전자 파동이 가득 차 있고 전자는 물질의 형태를 만든다. 텅텅 비어 보이는 원자핵(양성자와 중성자) 속에는 에너지가 가득 차 있고 에너지는 물질의 질량을 만든다. 이처럼 물질의 보이지 않는 곳에는 방대한 에너지가 숨어 있다.

우리는 에너지 덩어리다. 그러나 그 에너지는 보이지 않는 곳에 있으므로 우리는 그 존재조차 알아차리지 못할 수 있다. 시간 가는 줄 모르고 놀이에 정신이 팔렸던 어린 시절처럼 진심으로 즐길 수 있는 일이 있는가? 무슨 일을 좋아하는가? 이렇게 질문하며 자신을 마주하면 숨어 있던 에너지가 눈에 보이는 느낌이 든다.

예를 들어 다 자란 동물은 평소 쓸데없이 에너지를 사용하지 않는다. 생존을 위해 에너지를 보존하도록 뇌가 지시하기 때문이다. 인간도 동물이기에 본능적으로는 마찬가지다.※ 그러나 호기심 가득한 어린아이들은 쓸데없이 몸을 움직이며 논다. 놀이는 생존을 위한 연습이자 배움이다. 상상이며 탐험이자 발견이고 순수한 즐거움이다. 이 즐거움을 만끽하기 위해 에너지가 다 떨어질 때까지 또는 부모에게 야단을 맞을 때까지 놀 수 있다.

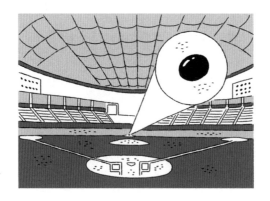

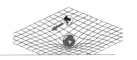

숨겨진 에너지를 해방하는 열쇠는 놀이할 때 느끼는 감정에 있다. 가슴이 두근거릴 만큼 흥분해 시간 가는 줄 모르고 빠져들 일이 있다면 '이런 에너지가 어디 숨어 있었을까?'라고 스스로 신기할 정도의 에너지가 솟아난다. 설레는 마음으로 좋아하는 일을 하며 살아갈 수 있다면 좋지 않을까?

그러나 아이들은 공부와 숙제에 쫓겨서 놀 시간이 적어지고 있다. 놀지 못하는 아이들은 점점 호기심을 잃고 놀이를 잊게 된다. 놀아야만 자신이 좋아하는 것을 찾아낼 수 있는데 그러지 못한 상태로 대학에 가고 취업한다. 입시를 전제로 한 학교 교육은 호기심을 억압할 뿐이다. 그러나 지금도 늦지 않았다. 호기심을 되찾자. 나이는 상관없다. 언제나 상상과 탐험, 발견의 세계로 여행을 떠날 수 있다. 그곳에서 좋아하는 것을 찾아내면 에너지와 가능성이 해방될 것이다.

※ 물질적으로 풍부한 현대 사회에는 먹기와 움직임에 있어 본능만 따르면 안 된다. 현대 이전의 사람들은 언제 다시 먹을 수 있을지 몰라 눈앞의 음식을 전부 먹어 치웠다. 그러나 현대인은 반대로 지나치게 많이 먹고 평소에 몸을 쓰지 않는다. 옛날 사람이나 동물처럼 움직이지 않고 에너지를 보존할 것이 아니라 오히려 몸을 움직여야 한다.

04

Q

우주의 별과 성운은 무엇으로 이루어졌나요?

A

별과 가스 구름은 모두 원자로 이루어졌습니다. 각 원자가 저마다
다른 파장으로 빛나기 때문에 어떤 원자로 이루어져 있는지도
알 수 있습니다. 또 원자의 빛에는 우주의 다양한 정보가 숨어 있으므로
여러 가지 사실을 알 수 있습니다.

Message

우리는 저마다 유일무이한 색으로 다채롭게 빛납니다. 그러기 위해 에너
지와 환경의 조건이 갖춰질 필요가 있습니다. 자기 자신을 소중히 여기
고 환경을 잘 선택하면 자신의 빛을 최대한 끌어낼 수 있습니다.

별은 원자로 이루어진 가스 공

태양의 빛은 태양의 열복사이지만, 그 빛을 파장별로 분광해 보면 일곱 가지 무지갯빛이 보인다. 그리고 더 잘 관찰해 보면 색 속에 수많은 검은 선이 있다. 검은 선인 이유는 태양의 대기에 존재하는 모든 원자가 일정한 파장의 빛을 군데군데 흡수하기 때문이다.

파장별로 흡수된 빛을 흡수선이라고 한다. 이 흡수선의 파장을 조사하면 어느 원자가 흡수했는지 알 수 있다. 이렇게 각 원자가 정해진 색(파장)만을 흡수하는 이유는 각 원자가 저마다 다른 에너지 구조에 있기 때문이다. 이제부터 순서대로 설명하겠다.

태양 외의 별에서도 마찬가지로 흡수선이 관찰된다. 이것으로 그곳에 원자가 존재한다는 사실을 알 수 있으며, 어떤 원자가 존재하는지도 알 수 있다. 별은 기본적으로 수소와 헬륨으로 구성되며 그 외의 다양한 원자를 포함한 가스 공이다.

성운은 원자로 이루어진 가스 구름

오리온성운은 수천 개의 별을 낳는 '별 공장'으로 자신이 낳은 별들의 빛을 흡수해 빛난다. 그 오리온성운을 분광하면 색색의 빛이 파장별로 띄엄띄엄 나오고 있음을 알 수 있다.

이처럼 어떤 하나의 파장으로 발해지는 빛을 '휘선'이라고 한다. 휘선의 파장을 조사하면 어느 원자가 빛을 낸 것인지 알 수 있다. 각 원자가 정해진 색(파장)의 빛만을 발하는 이유는 각 원자 고유의 에너지 구조 때문이다.

흡수선은 휘선과 정반대 과정으로 생겨난다. 휘선이 생겨날지, 흡수선이 생겨날지, 아무것도 생겨나지 않을지는 별의 대기와 성운을 둘러싼 환경이 결정한다.

오리온성운 외의 성운에서도 마찬가지로 휘선이 관찰된다. 그러므로 성운은 기본적으로 수소와 헬륨으로 이루어져 있고 그 외의 원자도 포함한 가스 구름이라는 사실을 알 수 있다.

원자의 스펙트럼

빛을 파장별로 분광한 결과인 빛의 분포를 스펙트럼이라 한다. 원자의 스펙트럼은 그 원자 고유의 것이며 그 원자의 에너지 구조를 반영한다. 그래서 지문으로 사람을 판별할 수 있듯 스펙트럼만 보고도 어느 원자인지 알 수 있다.

휘광 스펙트럼(원자의 구조)

앞에서 원자는 원자핵과 그 주위 공간을 채우는 전자의 파동으로 이루어져 있다고 이야기했다. 이번에는 고전적이면서 간략화한 원자 모형을 이용해 휘선과 흡수선의 원리를 살펴보겠다. 그렇게 해야 이해가 쉽다.

먼저 수소 원자의 에너지 구조를 그림으로 나타내 보겠다[그림 15]. 빌딩의 각 층은 전자의 에너지 상태다. 1층은 원자핵에 가장 가깝고 안정된 껍질, 즉 에너지가 가장 낮은 바닥 상태에 해당한다. 2층은 첫째 들뜬 상태로 전자가 더 고에너지 상태를 유지할 수 있다. 3층은 둘째 들뜬 상태이다. 전자가 그보다 더 고에너지 상태를 유지할 수 있는 곳이다. 그리고 그다음 층으로 올라가는 식으로 끝없이 옥상(원자 외부)까지 층이 있다.

그러나 빌딩에 1.5층이나 3.2층이 없듯, 원자의 에너지 상태에도 1.5 들뜬 상태나 3.2 들뜬 상태는 없다. 원자 속 전자는 정해진 에너지 상태로만 있을 수 있다. 그러므로 원자 빌딩의 층은 전자가 원자 내에 존재할 수 있는 서로 분리된 에너지 상태를 나타낸다.

바닥 상태와 첫째 들뜬 상태의 에너지 차이는 첫째 들뜬 상태와 둘째 들뜬 상태의 에너지 차이보다 크다. 또 첫째 들뜬 상태와 둘째 들뜬 상태의 에너지 차이는 둘째 들뜬 상태와 셋째 들뜬 상태의 에너지 차이보다 크다. 이런 식으로 서로 이웃한 에너지 상태 간의 에너지 차이는 높이 들뜬 상태일수록 작아진다. 원자 빌딩에서는 위층으로 갈수록 천장이 낮아지는 것이다.

휘선이 생겨나는 것은 전자가 고에너지 상태에서 저에너지 상태로, 다시 말해 원자 빌딩의 위층에서 아래층으로 점프할 때다. 수소 원자 빌딩의 경우 전자가 3층에서 2층으로 점프하면 빨간색 빛, 4층에서 2층으로 점프하면 파란색 빛이 난다.

한 번의 점프에서 한 개의 광자가 나오는데 이때 전자가 점프하면서 필요 없어진 에너지를 가지고 나온다. 나오는 광자는 그 에너지에 해당하는 파장을 가진 전자파다. 3층과 2층의 에너지 차이에 해당하는 광자는 빨간색이고 그 파장은 0.000656㎜, 4층과 2층의 에너지 차이의 광자는 파란색이고 그 파장은 0.000486㎜다. 전자가 5층에서 2층 또는 6층에서 2층으로 점프하면 각각 보라색(푸르스름한)과 보라색 광자가 나온다[그림 15]. 크게 점프할수록 에너지 차이가 크므로 파장이 더 짧은 빛(보라색)이 나오는 것이다.

다른 층에서 다른 층으로 점프하는 것도 가능하지만, 가시광선에서 휘선이 발생하는 점프는 수소 원자의 경우 3층, 4층, 5층, 6층에서 2층으로 향하는 4종류의 점프뿐이다. 이를테면 2층에서 1층으로 점프하면 자외선, 4층에서 3층으로 점프하면 적외선 휘선이 발생한다.

전자가 휘선을 발하는 이유는 전자는 가장 안정된 1층(바닥 상태)

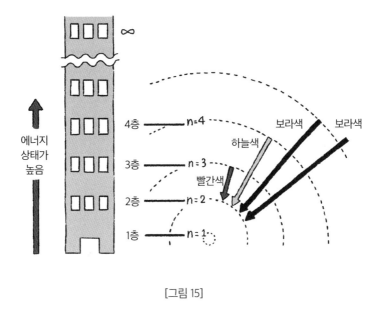

[그림 15]

을 좋아해 위층에 있어도 항상 1층으로 돌아오려 하기 때문이다. 그러나 전자가 1층에 있으면 휘선이 생기지 않는다. 휘선이 발생하려면 전자가 외부에서 에너지를 얻어 위층(들뜬 상태)에 있어야만 한다. 수소 원자라면 전자를 1층에서 2층 이상으로 보낼 에너지 즉 자외선이 필요하다.

이를테면 오리온성운의 수소 가스가 휘선을 발하는 이유는 오리온성운 속 거대한 별들이 대량의 자외선을 방출하기 때문이다. 이 자외선에는 전자를 수소 원자 빌딩의 옥상 바깥으로 밀어내는 에너지가 있다. 이것을 원자의 이온화라고 한다. 그러나 전자와 원자핵은 서로 멀리 떨어졌더라도 다시 만나면 재결합한다. 이렇게 재결합한 전자는 좋아하는 1층으로 돌아가는 과정에서 빌딩 아래층으로 풀쩍풀쩍 점프하며 다양한 파장의 빛을 발한다. 이것이 휘선의 원리다. 이온화와 재결합이 반복되는 성운은 휘선을 계속 발한다.

이처럼 휘선은 원자 주위의 에너지 환경이 정비되어야만 발생한다. 원자의 에너지 구조는 저마다 다르므로 각각에 맞는 환경에서 원자 가스가 빛을 내는 것이다. 산소 가스와 질소 가스도 환경이 마련되면 빛을 내고, 다양한 분자 가스도 마찬가지로 환경이 정비되면 빛을 낸다. 그리고 서로 다른 환경에서는 똑같은 원자나 분자라도 서로 다른 휘선을 발한다.

흡수선 스펙트럼(원자의 구조)

흡수선은 연속적인 방출일 경우에 볼 수 있다. 특정한 파장마다 방출되는 빛이 흡수되어 빛의 방출이 없는 상태인 어두운 선이 곧 흡수선이다. 그 흡수선을 만들어 내는 것은 다양한 원자(그리고 분자)다.

원자 빌딩에서 전자는 아래층에서 위층으로 점프할 수도 있다. 그러나 저에너지 상태에서 고에너지 상태로 움직이는 것이므로 외부에서 에너지를 얻을 필요가 있다. 그뿐만 아니라 두 에너지 상태의 차이와 똑같은 파장을 가진 빛을 흡수해야만 이동에 성공한다[그림 16].

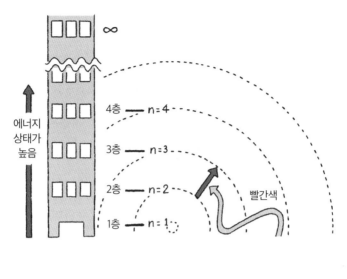

[그림 16]

　이를테면 수소 원자의 경우 전자가 수소 원자 빌딩의 2층에서 3층으로 점프하려면, 3층과 2층의 에너지 차이와 똑같은 0.000656㎜의 파장을 가진 빨간색 빛을 흡수할 필요가 있다. 그 외의 파장을 가진 빛은 단 0.0000001㎜만 어긋나도 전자가 흡수하지 않는다.

　태양의 열복사는 모든 파장에서 이루어지므로 그중에는 파장이 0.000656㎜인 빨간색 빛도 있다. 태양의 대기 중에 있는 수소 원자는 그 빨간 빛의 에너지를 얻어 2층에서 3층으로 점프하게 된다. 그 결과 태양의 열복사 스펙트럼에는 빨간색 부분에 어두운 흡수선이 생긴다.

별의 대기에서 수소 원자로 빨간색에 흡수선이 생기기 위해서는 일단 빨간색 빛이 있어야 한다. 또 수소 원자의 이온화와 재결합의 균형이 유지될 필요도 있다. 이를테면 온도가 3만 도에 달하는 거대한 별의 대기에서는 그 별이 발하는 자외선 때문에 모든 수소 원자가 효율적으로 이온화하므로 재결합이 이온화를 따라잡지 못한다.

그로 인해 거대한 별의 스펙트럼에서는 수소로 인한 흡수선은 거의 보이지 않는다. 한편 온도가 태양보다 낮아 수천 도에 불과한 왜성의 대기에는 수소 원자를 이온화할 자외선이 부족하여 수소 원자 속의 전자는 바닥 상태를 벗어나지 못한다. 그래서 이 왜성의 스펙트럼에서는 수소로 인한 흡수선은 거의 보이지 않는다.

이처럼 흡수선도 원자 주위의 에너지 환경이 갖춰져야만 생겨난다. 환경에 따라 서로 다른 원자가 서로 다른 흡수선을 만들어 내는 것이다.

원자는 유일무이

각각의 원자는 유일무이한 에너지 구조로 되어 있다. 원자를 빌딩으로 표현하면 빌딩 하나하나의 층 배치와 각 층의 천장 높이가 서로 다르다. 똑같은 빌딩이 하나도 없다.

이를테면 헬륨 가스는 노란색 빛을 발하고 산소 가스는 녹색 빛을 발하며, 수소 가스는 노란색과 녹색 빛을 발한다. 수소 원자 내에서 두 층(에너지 상태) 사이를 이동하면 그것이 어느 층이든 노란색이나 녹색 빛에 해당하는 에너지 폭이 존재하지 않게 돼 노란색이나 녹색 빛이 나지 않는다.

원자의 스펙트럼에 우주의 정보가 있다

또 휘선과 흡수선은 인간의 눈으로 볼 수 있는 가시광선일 뿐 아니라 다른 전자파 영역에서도 조건이 맞으면 나타난다. 우주에서 오는 빛에서 어느 원자의 어느 파장 휘선 또는 흡수선이 나타나느냐 하는 문제는 그 원자를 함유한 천체의 환경에 따라 달라진다. 환경(조건)이 갖춰져야만 각 휘선과 흡수선이 생겨나기 때문이다.

그래서 휘선과 흡수선을 분석하면 우주의 다양한 정보, 이를테면 천체의 온도, 화학 조성, 움직임, 질량 등을 알 수 있다. 별에서 나오는 빛의 스펙트럼에서 관찰되는 흡수선을 분석하면 별의 대기 온도와 화학 조성을 알 수 있고, 별의 움직임도 알 수 있다. 성운의 스펙트럼에서 관찰되는 휘선을 분석하면 마찬가지로 성운의 온도, 화학 조성, 그리고 성운 가스의 움직임을 알 수 있다.

원자가 발하는 빛은 주변 우주의 환경을 반영하여 우주의 정보를 전달한다. 그리고 우리는 빛을 모든 파장으로 분광함으로써 빛에 숨어 있는 우주의 정보를 추출해 우주를 탐구할 수 있다.

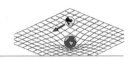

　각각의 원자가 유일무이하다면 우리 한 사람 한 사람도 유일무이하다. 인
간은 대략 10^{28}개의 원자로 이루어져 있는데 서로 똑같은 원자의 배합으로 이
루어진 사람은 단 한 명도 없다. 또한 각각의 원자가 특별한 파장으로 빛나는
것처럼 우리도 자신에게만 있는 특별한 파장으로 빛나고 있다. 그러기 위해
서는 원자와 마찬가지로 조건(에너지, 환경)이 갖춰져야만 한다.

　우선 생명의 기반이 갖춰져야 한다. 우리는 생물이므로 몸과 정신을 최상
의 상태로 유지해야 한다. 잠을 충분히 자고, 몸에 좋은 음식을 먹고, 적절히
운동하며 빛나기 위한 에너지를 축적해야 한다. 적절한 에너지가 없으면 빛
은 발생하지 않는다.

　환경도 갖춰져야 한다. 우선 주변 사람을 잘 선택하자. 우리의 개성을 인정
하지 않고 우리의 에너지를 불필요하게 많이 소모하는 조직이나 사람에게서
는 멀어지는 것이 좋다. 반대로 영감을 받을 수 있고 배울 수 있는 환경을 선
택해 그 파장에서 빛나는 사람에게 다가가 에너지를 흡수하자.

　자신답게 빛나기 위해 가장 중요한 것은 자신을 소중히 여기는 일, 그리고
환경을 잘 선택하는 일이다.

05

Q

태양은 무엇을 태워 붉게 빛날까요?

A

태양은 아무것도 태우지 않습니다. 그리고 붉지도 않습니다.
태양은 흰색입니다. 양자 터널 효과로 인한 핵융합으로 빛을 냅니다.

Message

당연한 일, 상식, 관습을 의심합시다. 그것들은 틀렸을 뿐 아니라 우리의
성장과 사회의 성장을 방해할 가능성이 큽니다.

상식 속의 태양

"불타는 태양은 무슨 색깔?"

"빨간색!"

일본의 초등학교 운동회에서 부르는 홍팀 응원가 일부다.[7] 그러나 이 노랫말에는 두 개의 거짓말이 숨어 있다.

태양은 빨간색이 아니다.

태양은 불타지 않는다.

태양은 흰색

화창한 날, 태양이 가장 높이 뜬 낮에 태양을 슬쩍 보자. 태양광을 직접 보면 눈이 상하므로 한순간만 살짝 봐야 한다. 흰색으로 보일 것이다.

온도가 있는 물질은 열복사를 일으키는데 우리가 보는 태양의 빛도 열복사다. 온도가 5,800K인 태양 대기에서 발생하는 열복사는 휘선이나 흡수선과는 달리 모든 파장에서 연속적으로 이루어진다.

태양의 빛을 파장별로 나눠(분광) 보면 빨주노초파남보가 보인다. 그러나 이 일곱 색깔이 전부 겹쳐 한꺼번에 우리 눈에 들어오면 흰색이 된다. 그 이유는 우리 눈의 구조에 있다.

우리의 눈에는 빛의 삼원색에 해당하는 빨간색, 녹색, 파란색의 센서가 있다. 뇌는 이 세 가지 센서로 들어오는 빛의 양을 가지고 색을 판단한다. 태양광에는 빨간색 계열 빛, 녹색 계열 빛, 파란색 계열 빛이 거의 똑같은 양으로 존재하기 때문에 세 가지 색깔이 균등하게 겹쳐 흰색으로 보이는 것이다.

아침 해와 저녁 해는 불그스름하다

왜 태양이 붉은색이나 노란색이라고 착각할까? 확실히 태양의 위치가 지평선에 가까워지면 가까워질수록 태양은 붉은색을 띤다. 대기 중 분자 빛의 파장이 짧으면 짧을수록 더 많이, 모든 방향으로 흩어 놓기(산란하기) 때문이다. 아침 해와 저녁 해의 빛은 지평선 부근의 더 두꺼운 대기를 통과해야 한다. 그동안 파란색 계열 빛과 녹색 계열 빛은 흩어져 버리고 빨간색 계열 빛만 우리의 눈에 도달하기에 붉게 보인다.[8]

태양은 불타지 않는다

태양의 에너지 복사량은 4×10^{26}와트다. 숫자가 너무 커 상상이 잘 안 되겠지만 굳이 비교한다면 지상 최강의 수소폭탄이 매초 20억 개씩 폭발하는 것과 같은 에너지 방출량이다.

불이 타는 것은 산소가 화학 반응을 일으켜 에너지를 발하는 것이다. 태양이 불타고 있다면 태양의 원자는 수만 년, 잘해도 수십만 년 내에 전부 불타 버리고 만다. 인류의 역사도 수백만 년을 거슬러 올라가는데 생명 그 자체를 낳은 태양이 그보다 젊을 수는 없다. 그러므로 태양은 불타고 있지 않다.

태양은 핵융합으로 빛난다

불태우는 것보다도 효율이 좋은 에너지 생산 방법은 핵융합이다. 가벼운 원소들이 달라붙어 무거운 원소를 만드는 과정을 핵융합이라 한다. 태양은 수소 4개를 헬륨으로 융합해 에너지를 생산한다.

한 번의 융합으로 생산되는 에너지는 인간이 계단을 하나 오를 때 필요한 에너지의 100조분의 1 정도로 매우 작다. 그러나 태양에서는 이 핵융합이 매초 10^{38}번 일어나므로 막대한 에너지가 방출된다. 매초 대략 6억 톤의 수소가 헬륨으로 융합되는 것이다.

태양 중심[9]의 온도는 약 1,500만 도 정도이다. 모든 원자는 이온화되어 있고 원자핵과 전자로 나뉜 상태다. 엄밀히 말하면 수소 원자핵인 양성자가 4개 융합함으로써 헬륨 핵이 만들어지는 것이다(양 성자 두 개는 중성자가 된다). 그러나 양성자는 양의 전하를 띤다. 양의 전하를 띤 양성자와 양성자는 자석의 N극과 N극처럼 서로 반발하 는데 어떻게 서로 달라붙을까?

태양은 양자 터널 효과로 빛난다

양성자와 양성자의 반발에도 불구하고 계속 붙어 있을 수 있는 이 유는 양성자도 빛이나 전자와 마찬가지로 파동이기 때문이다. 파동 은 위치가 고정되어 있지 않아 뛰어넘을 수 없는 벽(양의 전하끼리 반 발하는 벽)이 있어도 그 벽의 부근에 이르면 뛰어넘을 가능성이 생긴 다. 작은 가능성이기는 하지만 그 가능성이 존재하는 한 벽을 넘을 수 있다. 이것이 양자 터널 효과다[그림 17].

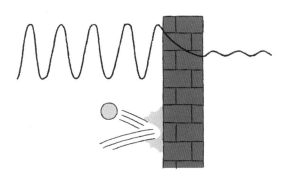

[그림 17]

이 양자 터널 효과의 성공 확률은 약 10^{28}분의 1이다. 태양 핵의 양성자가 10^{28}번 시도하면 단 한 번 양자 터널 효과가 성공해 다른 하나의 양성자와 달라붙을 수 있다. 성공 확률은 매우 낮지만 태양에는 10^{57}개라는 엄청난 수의 양성자가 있으므로 낮은 확률이라도 상당히 자주 일어난다.

태양은 그 결과로 매초 10^{38}번 핵융합이 일어나는, 상상을 뛰어넘는 곳이다.

태양은 빛난 만큼 가벼워진다: $E=mc^2$

핵융합에서는 자유롭게 돌아다니던 양성자들이 합체해서 헬륨 핵이 되어 안정됨으로써 여분의 에너지를 방출한다. 이 여분의 에너지를 아인슈타인의 $m=E/c^2$($E=mc^2$)을 통해 질량으로 변환하면 정확히 헬륨 핵 하나의 질량에서 원래의 양성자 4개의 질량을 뺀 질량 차이가 된다.

핵융합으로 생성되는 에너지는 감마선[10]이지만 밀도가 높은 태양 내부에서 전자 및 양성자와 부딪치면 에너지를 잃는다. 그 결과 10만 년 정도 걸려 표면에 도달한 시점에는 가시광선이 되는데 그것이 태양의 흰 빛이다. 우리 지구의 생명체를 낳고 생명을 길러 내는 에너지다.

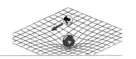

태양은 붉게 타오른다는 거짓말이 일반 상식이 되었다. 당연한 일, 상식, 관습은 논리적 근거나 과학적 근거가 없는 거짓말일 가능성이 아주 크다. 그러므로 당연한 일, 상식, 관습은 우선 의심할 필요가 있다. 어떤 계기로 하나의 개념 또는 사회 제도가 주류가 되면 사람들은 의심 없이 그것을 받아들인다. 사회의 일원으로 어느 정도의 협조와 타협이 필요한 때도 있지만, 사고 정지와 동조 압력에 휩쓸리는 것은 위험하다.

예를 들어 약 80년 전에는 천황을 위해 적의 함선에 뛰어들어 목숨을 바치는 일을 당연하게 여겨졌다. 또한 약 30년 전에는 학교 교사, 어른, 부모가 아이를 체벌하는 일이 당연하게 여겨졌다.

'당연한 일'은 논리적으로 따져 보면 틀렸을 가능성이 크다. 이런 일들은 매우 비합리적이어서 우리의 성장뿐 아니라 사회 전체(그리고 경제와 과학)의 성장도 가로막는다.

우주와 과학의 탐구 기반에는 의심하는 마음과 비판적 사고가 있다. 우리가 우리답게 빛나기 위해, 또 모든 사람이 각자의 파장에서 빛날 수 있는 사회를 만들기 위해 이 과학 정신, 의심하는 마음, 비판적 사고는 꼭 필요하다.

06

Q

에너지란 무엇인가요?

A

에너지의 형태는 다양하지만 반드시 보존되는 물리량을 가리킵니다.
우주의 에너지는 보존됩니다. 그러나 사용할 수 있는 에너지는
보존되지 않습니다.

Message

우리가 사용할 수 있는 에너지는 유한합니다. 그러므로 다툼에 신중해
야 하고, 상대방과 같은 수준으로 내려가서는 안 되며, 상대방이 수준 낮
게 나와도 우리는 수준 높게 대응해야 합니다(When they go low, we go
high).

에너지의 정의

에너지는 물건을 들어 올리고, 자동차를 움직이고, 전구를 밝히는 등 무언가 해내는 능력이다. 물론 일을 해낼 수 없는 에너지도 있다. 이를테면 물건을 들어 올릴 때 나는 땀, 자동차에서 나오는 배기가스, 냉장고 뒤에서 나오는 열 등은 전혀 쓸모가 없지만 이것도 에너지라고 봐야 한다.

물리학에서는 에너지를 '형태가 다양하게 바뀌지만 보존되는 물리량'이라고 정의한다. 엄밀히 말하면 자연을 지배하는 물질과 힘의 법칙이 시간의 흐름과 무관하게 불변할 경우, 언제 실험해도 모든 조건이 똑같다면 결과도 완전히 똑같을 경우 보존되는 양이 바로 에너지다.[11]

에너지는 크게 두 종류로 나눌 수 있다. 하나는 움직임의 에너지인 운동에너지, 다른 하나는 숨겨진 가능성의 에너지인 위치에너지다.

움직임의 에너지=운동에너지

시속 5㎞로 달리는 자동차에 치인다면 죽지 않을 확률이 높다. 하지만 시속 100㎞로 달리는 자동차에 치인다면 즉사할 것이다. 속도가 높은 쪽, 움직임이 많은 쪽에 더 큰 파괴력(일을 해내는 능력)이 있다. 이것이 움직이는 사물의 운동에너지kinetic energy다.

회전하거나 진동하는 사물에도 운동에너지가 있다. 물질을 이루는 원자와 분자도 움직이고 있으므로 운동에너지가 있다. 이것을 물질의 열에너지라고 한다.[12] 빛에도 운동에너지가 있다. 빛은 전자파이고 그 파장이 움직임을 나타내는 양이기 때문이다. 파장이 짧은 빛일수록 에너지가 커진다.

가능성의 에너지=위치에너지

이번에는 슈퍼히어로 BossB가 건물 3층에 있다고 생각해 보자[그림 18]. BossB가 3층에서 뛰어내리면(절대 따라 하면 안 된다) 지구상에서 가장 빠른 육상 선수 우사인 볼트보다도 빠르게 움직일 수 있다. 뛰어내리기만 해도 운동에너지를 얻기 때문이다. 다시 말해 건물 3층에 있던 BossB에게는 우사인 볼트보다도 빠르게 움직일 가능성의 에너지, 즉 위치에너지potential energy가 있다. 이는 지구의 중력이 BossB를 끌어당기는 결과이므로 중력 위치에너지라고 한다.

늘어난 고무줄, 움츠러든 용수철에는 탄성의 위치에너지가 있다.

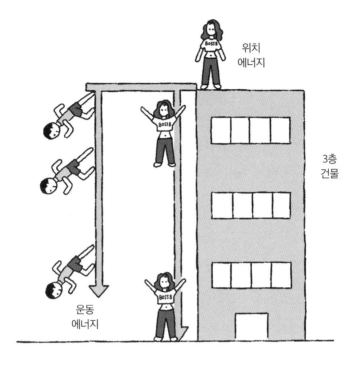

[그림 18]

늘어난 고무줄과 움츠러든 용수철은 원래 상태로 돌아가려고 움직이기 때문이다. 음식, 건전지, 휘발유에는 화학 반응의 화학 위치에너지가 있다. 음식은 몸을 형성하고 움직이고, 건전지는 손전등의 빛을 밝히고, 휘발유는 자동차를 움직인다. 원자핵에도 위치에너지가 있다. 커다란 원자핵은 분열해서(원자력 발전) 에너지를 생성하고, 작은 원자핵은 융합해서(태양) 에너지를 생성한다. 질량도 $E=mc^2$이므로 운동에너지와 위치에너지의 총량이다.

에너지는 보존된다

에너지는 다양한 형태로 바뀌지만, 그 변화를 빠짐없이 추적하면 처음과 끝을 포함해 모든 시점에서 모든 형태의 에너지를 더한 총량은 똑같다. 건물 3층에 있는 BossB의 중력 위치에너지가 뛰어내림으로써 운동에너지 및 접촉하는 주변 공기의 운동에너지로 바뀐다. 그리고 착지하면 BossB의 운동에너지는 0이 되고 몸, 지면, 공기의 운동에너지(열과 소리)로 바뀐다.

그러나 만약 에너지가 들고 나지 않는 닫힌 상자 안에서 이 과정이 이루어진다면, 이 상자 속 에너지는 전혀 손실되지 않는다.

에너지는 없어지지 않는다. 없는 에너지를 새로 만들어 낼 수도 없다. 에너지의 정의는 '보존되는 양'이기 때문이다. [13]

사용할 수 있는 에너지는 유한하다

일을 해낼 수 있는 에너지는 유한하다. 사용할 수 있는 에너지는 사용할 수 없는 에너지인 열로 빠르게 변환되기 때문이다. 열은 무작위로 무질서하게 움직이는 미세한 원자와 분자의 운동에너지다. 그러므로 '에너지를 절약하자'라는 말은 사실 '사용할 수 있는 에너지를 절약하자'라고 바꿔야 한다.

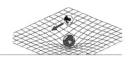

우리가 사용할 수 있는 에너지는 유한하다.

"다툼에 신중해야 한다." ▶BossB의 친구

학교, 회사, 사회의 모든 곳에 부정과 불평등이 만연해 있다. 그러나 개인이 그 모든 것과 싸우기는 불가능하다. 그랬다가는 몸과 마음이 지쳐 자신의 역량을 펼치지 못하고 제대로 기능하지 못하게 될 것이다. 자신에게 가장 소중한 것은 무엇인가? 그 소중한 것을 지키기 위해 에너지를 보존해야 한다.

"같은 수준으로 내려가면 안 된다." ▶BossB가 사는 동네의 경찰관

공격에 정면 대응하면 안 된다. 정면충돌하면 우리 자신도 파괴된다. 모든 것이 사용할 수 없는 에너지인 열로 변할 뿐이다. 분노, 질투, 원한, 괴롭힘, 무시, 따돌림, 사이버불링의 공격을 받는다고 상대의 낮은 수준에 맞춰 주지 말자.

"상대방이 수준 낮게 나와도 우리는 수준 높게 대응한다(When they go low, we go high)." ▶미셸 오바마

그럴 때 우리는 높은 곳에 올라 공격을 피해야 한다. 사용할 수 있는 에너지를 아끼고 높은 곳에서 더 많은 에너지를 비축하면서 상대가 사용 가능한 에너지를 소모시키도록 유도해야 한다. 상대방의 사용 가능한 에너지가 바닥날 때까지 기다리자. 행동이 필요하다면 그때 움직이면 된다.

06

Q

우주는 무엇으로 이루어져 있나요?

A

우주의 5%는 원자 등 보통 물질, 27%는 암흑물질, 68%는 암흑에너지로
이루어져 있습니다.

Message

사물과 사람은 본질을 쉽게 보여주지 않습니다. 그만큼 본질은 쉽게 볼
수 있는 것이 아닙니다.

우주의 95%는 무엇으로 이루어져 있는지 알 수 없다

지금까지 이야기한 우주를 구성하는 '물질'은 우리 생활이나 실험에서 그 존재를 확인할 수 있는 대상이었다. 이러한 물질을 보통물질normal matter이라고 한다. 이를테면 원자를 이루는 양성자와 전자는 보통물질이다. 우리 인간, 지구, 태양도 보통물질이다. 질량은 없지만 에너지를 가진 빛도 보통물질이다.

그러나 우주에는 '보통이 아닌' 물질과 에너지도 있다. 이것을 암흑물질dark matter과 암흑에너지dark energy라고 한다. 우리가 정체를 모르고 이해할 수 없어 암흑이라고 부르는 것이다. 우주의 95%는 이 암흑물질과 암흑에너지로 이루어져 있다[그림 19].

암흑물질이 있다

'암흑'인데 암흑물질이 있다는 사실은 어떻게 알까? 중력이 있으

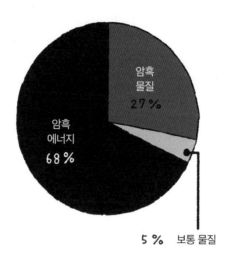

암흑
물질
27%

암흑
에너지
68%

5% 보통 물질

[그림 19]

면 별과 은하는 움직인다. 뉴턴의 만유인력의 법칙에 따르면 중력은
질량이 있는 사물과 사물 사이에 작용하는 힘이다. 중력을 만들어
내는 것은 질량과 에너지이므로 별과 은하의 움직임을 관찰하면 눈
에 보이지 않아도 '중력을 만들어 내는 무언가'가 있다는 사실을 알
수 있다.

이를테면 태양계와 행성은 그 궤도 내에 있는 질량의 중력(만유인
력)에 이끌려 회전한다. 이 움직임이 공전이다. 수성은 초속 47㎞,
지구는 초속 30㎞, 태양에서 가장 멀리 있는 행성인 해왕성은 초속 5
㎞로 회전한다. 행성의 회전 속도는 태양에서 멀면 멀수록 느려진다
[그림 20, 위].

회전곡선은 중심에서 거리에 따른 회전 속도를 그래프로 나타낸 것이다. 태양계의 회전곡선은 질량의 99.8%가 중심 태양에 존재하는 질량 분포를 반영한다. 뒤집어 말하면 회전곡선의 형태를 보고 각 천체의 궤도 내 질량 분포를 알 수 있다.

이제 우리은하의 질량 분포를 알기 위해 회전곡선을 살펴보자[그림 20, 아래]. 우리은하는 별이 원반 형태로 분포하고, 중심에 별빛이 가장 많고, 중심에서 멀어질수록 별과 가스 구름이 적어진다. 그러므로 회전 속도는 중심 부근으로 갈수록 점점 높아지고 중심에서 멀어질수록 점점 낮아질 것이라고 예상할 수 있다[그림 20, 아래 점선].

그러나 실제로 관찰되는 회전곡선은 중심에서 멀어져도 회전 속도가 줄지 않고 거의 일정하게 유지된다[그림 20, 아래 실선]. 우리은하의 중심에서 2만 6천 광년 떨어진 곳에 있는 태양계의 회전 속도는 초속 220㎞인데, 중심에서 5만 광년 떨어진 별과 가스 구름의 회전 속도도 태양계와 거의 같다.[14]

이를테면 태양계의 해왕성이 지구와 똑같은 회전 속도로 움직이기 시작한다면 해왕성은 태양계에서 튕겨 나갈 것이다. 그렇게 빨리 움직이는 해왕성을 태양계에 붙잡아 둘 질량(중력)이 태양계 내에 없기 때문이다. 그러므로 우리은하의 별과 가스 구름이 튕겨 나가지 않도록 중력으로 붙잡아 두는 보이지 않는 무언가가 있다고 추측할 수 있다.

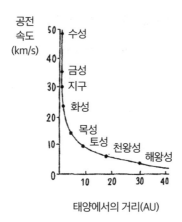

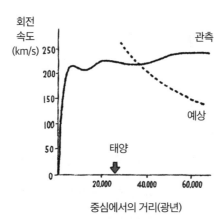

[그림 20]

우리는 이 중력의 근원을 암흑물질이라 부른다. 빛을 내지 않기에 무엇인지 알 수는 없지만 우리은하의 질량 중 약 90%는 암흑물질이다. 다른 은하도 마찬가지로 대부분 암흑물질로 이루어져 있으며, 은하의 일부만이 빛날 뿐이다.

암흑물질의 정체?

암흑물질을 입자로 가정할 경우, 검출이 어려운 이유는 암흑물질이 보통물질을 무시하며 거의 교류(상호작용)하지 않기 때문이다. 암흑물질끼리도 거의 상호작용하지 않는 듯하다. 암흑물질은 대체 어떤 입자일까?

지금까지 가장 유력한 후보는 WIMPs^{Weakly Interacting Massive Particles}라는 전하를 띠지 않고 중력과 약한 힘에만 반응하는 무거운 가상의 입자다. 이를테면 WIMPs가 붕괴할 때 방출되는 감마선을 간접적으로 관찰할 수 있을 것이라거나 제논 원자핵과의 산란으로 인한 발광을 실험 시설에서 직접적으로 검출할 수 있다고 가정하고 있다. 이를 토대로 다양한 관측과 실험이 이루어지고 있는데 암흑물질의 존재가 추정된 지 100년 이상의 시간이 흐른 지금도 그 정체는 밝혀지지 않고 있다.

액시온이라는 이름의 매우 가벼운 가상의 입자가 후보로 거론되고 있다. 어쩌면 우주 초기에 생겨난 원시 블랙홀일 가능성도 있다.

어쩌면 물질(입자)이 아니라 중력 그 자체를 양자 수준에서 다시 생각해야 할지도 모른다.

암흑물질이 없었다면

암흑물질이 없었다면 아마 지구와 생명도 존재하지 않을 것이다. 원자 등 보통물질이 암흑물질의 중력에 유도되어 별과 은하를 효율적으로 만들어 낸다. 또 별이 생성한 모든 중원소(탄소와 철)도 암흑물질의 중력 덕분에 우주 공간으로 흩어지지 않고 별과 별 사이에서 재활용된다. 그렇기에 행성이 태어나고 생명이 태어날 수 있는 것이다.

암흑에너지가 있다

보통물질과 암흑물질의 중력이 작용하는 방향과 반대 방향으로 우주를 계속 밀어내는 에너지를 암흑에너지라고 한다. 공간을 채우는 진공 에너지와 같다고 추측하지만, 관찰과 이론이 전혀 일치하지 않기 때문에 '암흑'인 상태다. '암흑'인데 어떻게 암흑에너지가 존재한다는 사실을 알 수 있을까?

바로 우주가 가속 팽창하고 있기 때문이다. 이 장에서는 암흑에너지를 더 이상 설명할 수 없다. 우주가 팽창하고 있다는 이야기를 아직 하지 않았고, 가속 팽창 이야기도 하지 않았기 때문이다. 암흑에너지에 대한 자세한 설명은 5장에서 할 것이다. 4장의 '호킹 복사'

에서 진공 에너지에 대해 배우고 5장으로 넘어가면 이해하기 쉽다. 여기서는 우주의 68%가 암흑에너지라는 사실만 알아 두자.

우주의 대부분은 알 수 없다

우주의 5%는 보통물질, 27%는 암흑물질, 나머지 68%는 암흑에너지다. 그러므로 우리가 우주에서 빛으로 보이는 부분은 극히 일부이다. 우주를 이루는 95%는 조금씩 규명되고 있지만 아직 정체불명이다. 또 우리는 나머지 5%의 보통물질마저도 완전히 이해하지 못한 상태다. 우주는 모든 파장으로 빛나고 있지만 본질은 빛 너머 보이지 않는 부분에 숨어 있다.

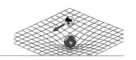

인간은 음식이나 물이 없어도 며칠은 생존할 수 있다. 하지만 공기가 없으면 몇 분 내로 죽는다. 우리에게 가장 중요한 공기는 우리 눈에는 보이지 않는다. 공기를 보기 위해서는 다른 시점, 분자 수준에서 해석할 시점이 필요하다. 그 시점에서 공기를 볼 때 비로소 산소라는 생명의 본질이 보이기 시작한다.

즐거운 듯 웃지만 상대방이 지금 무슨 생각을 하고 있는지, 어떤 고민을 안고 있는지 알 수 있을까? 사람의 본질은 쉽게 드러나지 않는다. 드러나도 부분적으로만 드러날 뿐이다.

우리의 눈에 들어오는 정보는 우리의 시점에서 보고 해석할 뿐이다. 여기에는 자신의 편견이 작용한다. 그러므로 한 사람의 모든 것을 판단하는 일은 원칙적으로 불가능하다. 우리의 시점이 한정되어 있기 때문이다.

그러므로 자신은 모든 것을 볼 수 없으며 자신의 해석은 틀릴 수 있다는 겸허(지적 겸허※)한 태도로, 보이지 않는 것을 보기 위해 노력해야 한다. 보이지 않는 것의 중요함과 멋짐을 깨닫고 나면 사물의 본질과 사람의 본질을 조금씩 이해할 수 있다.

※여기서 말하는 지적 겸허란 열린 마음으로 차이를 존중하는 유연한 태도이므로, 일본 사회에서 정의하는 '겸허'와는 본질적으로 다르다.

COSMOS THINKING

공간, 시간, 시공, 중력

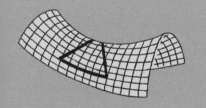 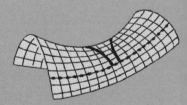

3장

01

Q

차원이란 무엇인가요?

A

차원이란 움직일 수 있는 방향의 수, 우리가 있는 곳을 나타내는 데
필요한 최소한의 수입니다.

Message

볼 수 없는 현실을 더 정확히 보기 위해 탐험하고, 나와 다른 대상과 접촉
하며 다양한 시점을 길러야 합니다.

우리는 3차원 사람

전후, 좌우, 상하로 움직일 수 있는 우리는 3차원 공간에 있다. 즉 움직일 수 있는 방향의 수가 곧 우리가 존재하는 공간의 차원이다. 또는 우리가 있는 곳을 나타내는 데 필요한 최소한의 수가 차원의 수다. 이를테면 지구상에서 우리의 위치는 어디일까?

① 일본

② 도쿄도

③ 시부야구

④ 요요기

⑤ 4동

그런데 이 많은 정보는 필요 없다. 우리가 있는 곳을 나타내는 데 필요한 정보는 단 3가지면 된다.

우선은 위도와 경도다. 이를테면 위도 35도 40분 51초, 경도 139

도 41분 27초(1도=60분=3,600초)라는 2가지 측정치로 우리가 지구상 어디에 있는지 정확히 나타낼 수 있다.

또 한 가지 필요한 정보는 높이다. 우리가 있는 아파트의 층수가 10층이라면 위도와 경도만 가지고 우리를 찾아낼 수는 없다. 10층까지의 높이 30m에 땅의 해발고도 29m[1]를 더해 높이 59m에 있다고 가르쳐 줘야 한다.

장소를 지정하는 데 필요한 최소한의 측정값 수가 곧 우리가 존재하는 공간의 차원이다. 그래서 우리는 3차원 사람이다.

0차원 공간

장소를 지정하는 데 측정값이 하나도 필요 없는 공간은 0차원[2]이다. 예를 들어 점은 0차원이고 크기는 0이다. 크기 0 속에 있는 0차원 사람은 전혀 움직일 수 없다. 0차원 사람도 크기가 없다. 점 속의 장소를 나타내는 데에는 측정값이 하나도 필요 없이 0이다.

1차원 공간

장소를 나타내는 데에 필요한 최소한의 측정값이 1개인 공간은 1차원이다.

예를 들어 선은 1차원[2]이다. 선에 눈금과 숫자를 그려 보자. 선위의 어느 지점이든 하나의 숫자로 나타낼 수가 있다.

1차원 사람은 움직일 수 있다. 그러나 또 한 명의 1차원 사람과 부딪치면 그 방향으로는 더 이상 움직일 수 없다. 양쪽에서 두 명의 1차원 사람 사이에 끼게 되면 평생 끼어 있어야 한다.

2차원 공간

장소를 나타내는 데에 필요한 측정값이 최소한 2개인 공간은 2차원이다.

예를 들어 종이 위는 2차원[2]이다. 1차원의 선 2개를 수직으로 교차시켜 그려 보자(위도와 경도도 수직으로 교차하는 선이다). 선에 눈금을 그리면 그 종이 위의 모든 지점을 두 선 위의 측정값, 즉 2개의 숫자로 나타낼 수 있다[그림 21].

2차원 사람은 전후와 좌우라는 두 방향으로 돌아다닐 수 있다. 입이 있어서 음식을 먹을 수 있지만 똥도 입으로 눠야 한다[그림 22, 왼쪽]. 입구와 출구가 따로따로 있으면 몸이 두 쪽으로 갈라지고 말기 때문이다[그림 22, 오른쪽]. 입과 식도에서 장을 거쳐 항문으로 이어지는 길은 산을 관통하는 터널에 비교할 수 있다. 종이를 2차원의 생물이라고 가정하고(두께는 무시한다) 종이의 한쪽 가장자리에서 다른 쪽 가장자리로 터널을 그려 보자. 그리고 그 터널을 가위로 자르면 종이는 반드시 둘로 나뉘게 된다.

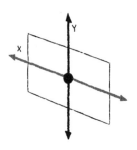

[그림 21]

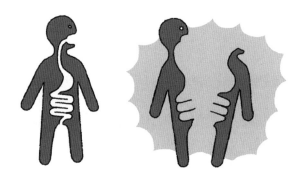

[그림 22]

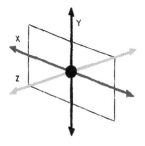

[그림 23]

3차원 공간

장소를 나타내는 데에 필요한 측정값이 최소한 3개인 공간은 3차원이다.

예를 들어 우리의 공간은 3차원이다. 2차원의 종이 위에 수직으로 교차하는 두 선에 수직으로 선을 하나 더 그어 보자. 공간 속 모든 지점을 3개의 선 위에 있는 3개의 숫자로 나타낼 수 있다[그림 23].

우리 같은 3차원 사람들은 2차원 사람보다 더 자유롭다. 전후와 좌우는 물론 상하로도 움직일 수 있기 때문이다. 게다가 입(입구)과 항문(출구)이 서로 달라도 몸이 둘로 갈라지지 않는다. 차원이 하나 늘어난 것만으로 복잡한 구조가 가능해진 것이다.

4차원 공간

장소를 나타내는 데 필요한 측정값이 최소한 4개인 공간은 4차원 공간이다.

4차원 공간은 어떤 공간일까? 3차원 공간을 나타내는 3개의 선에 수직으로 선을 하나 더 그어 보자. 상상할 수 있는가? 4차원 공간의 지점은 4개의 숫자로 나타낼 것이다. 3차원 사람인 우리에게 4차원 공간을 가시화하는 일은 불가능하지만 그래도 한번 상상해 보자.

점(0차원)과 점을 겹쳐서 고무줄로 연결한 후 잡아당기면 선(1차원)이 된다. 선과 선을 겹쳐서 양쪽을 고무줄로 연결한 후 선과 수직인 방향으로, 선과 똑같은 길이만큼 잡아당기면 정사각형(2차원)이 된다. 정사각형과 정사각형을 겹치고 네 귀퉁이를 고무줄로 연결한 후 정사각형의 면과 수직 방향으로, 한 변과 똑같은 길이만큼 잡아당기면 정육면체(3차원)가 된다. 그리고 정육면체와 정육면체가 겹쳐 있다고 상상해 보자. 모든 꼭짓점을 마찬가지로 고무줄로 연결한 후 모든 모서리에 수직 방향으로 모서리와 같은 길이만큼 잡아당기면 4차원의 초정육면체, 즉 정팔포체[tesseract]가 된다[그림 24].

어떤 형태를 상상할 수 있는가? 3차원 사람인 우리에게는 불가능한 일이다. 아무도 상상할 수 없다. 그러나 1차원에서 2차원으로, 2차원에서 3차원으로 차원이 늘어날 때마다 패턴과 숫자가 어떻게 달라지는지 이해하면 4차원을 숫자로 나타낼 수 있다.

선은 2개의 점으로 둘러싸여 있다. 정사각형은 4개의 선으로 둘러싸여 있다. 정육면체는 6개의 정사각형으로 둘러싸여 있다. 정팔포체는 2, 4, 6의 다음에 오는 숫자인 8개의 정육면체로 둘러싸여 있을 것이다.

만약 4차원 사람이 존재한다면….[3] 4차원 사람의 형태를 상상할 수는 없지만 4차원 사람의 단면을 볼 수는 있을 것이다. 우리가 2차원 세계로 찾아가면 2차원 사람에게는 우리의 2차원 단면 형태가 보이는 것과 마찬가지다.[4] 2차원 세계의 우리는 기본적으로 한 개 또

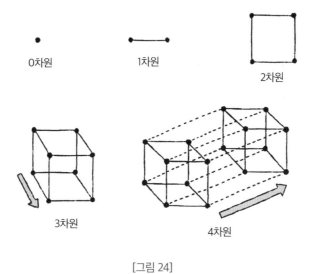

[그림 24]

는 여러 개의 타원에 가까운 형태로 보일 것이다. 어떻게 보일지는 어디의 단면이냐(머리? 배와 손? 발?)에 따라 다르다. 마찬가지로 4차원 사람의 단면은 3차원일 것이다.

또 4차원 사람이 존재한다면 4차원 사람은 우리의 몸속을 전부(심장, 뼈, 대장 등) 볼 수 있다. 우리가 2차원 사람의 몸속을 전부 볼 수 있는 것과 마찬가지다[그림 22]. 4차원 공간에 갈 수 있다면 우리의 피부를 절개할 필요 없이 모든 수술이 가능해진다는 이야기다. 4차원 공간에 갈 수 있다면 은행이나 가게 안에 들어가서 무엇이든 훔칠 수 있다. 도라에몽이 4차원 주머니에서 온갖 물건을 꺼내는 것도 차원이 하나 더 있기 때문이다.

우리는 3차원 공간에서 태어나 3차원 원자로 이루어져 있다. 3차원 공간에서 진화한 3차원 사람이므로 세 방향으로 크기가 있는 대상만을 볼 수 있다. 점, 선, 종이도 3차원의 물체다. 4차원 이상의 세계를 수학으로 묘사할 수는 있어도 가시화하는 일은 불가능하다. 그러나 상상을 넓히면 새로운 발견이 이루어진다.

예를 들어 시간도 하나의 차원이다. 우리는 시간의 방향을 따라 움직이기 때문이다. 또 3차원 공간은 구부러진다. 3차원 공간이 구부러지는 데에 4차원 공간은 필요 없다. 그러나 고차원이 존재할 수도 있고 보이지 않는 규모의 고차원이 숨어 있을 수도 있다.

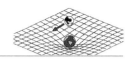

우리의 한정된 시점으로 볼 수 있는 현실은 부분적이다. 해석할 수 있는 현실도 부분적이다. 우리의 시점을 제한하는 것은 우리의 한정된 과거 데이터다. 그러므로 데이터를 늘리면 시점도 늘어나 현실의 더 많은 부분을 볼 수 있다. 부분과 부분이 서로 보완하면 전체가 보이기 시작한다. 그러기에 우리는 자신의 시점과 이해가 한정되어 있다는 사실을 인식하고 다름을 환영해야 한다. 미지를 탐구하며 다양한 시점을 길러 나가야 하는 것이다.

구체적으로는 나이, 성별, 성적 지향, 정치적 주장, 국적이 다른 사람들, 다양한 장애가 있는 사람들, 경제 상황이나 교육 환경이 다른 사람들과 적극적으로 교류하며 대화해 보자. 그렇게 하면 자신에게 없는 시점과 만나게 되고 자신의 잘못된 생각과 편향(뇌의 가정)을 알아차리게 된다. 그로 인해 자기 내면에 새로운 시점을 늘려갈 수 있다.

또 열린 마음으로 자신의 껍데기를 깨고 나가는 다양한 탐험과 경험을 해 보자. 자원봉사도 좋고 외국 경험도 좋다. 일본에서 자란 젊은이가 해외로 유학 가면 자기주장을 시원시원하게 할 줄 아는 사람이 되어 돌아온다는 사실을 아는가? 이 사람들은 뇌를 진화시켜 돌아오는 것이다.

여러 의미에서 자신과 다른 대상들을 만나 미지를 경험하면 시점이 늘어난다. 시점이 늘어나면 다각적 시점에서 현실을 더 분명히 볼 수 있다.

02

Q

4차원 시공이란 무엇인가요?

A

4차원 시공이란 3차원 공간에 또 하나의 차원인 시간을 더한 것입니다.

Message

'언제' '어디서'는 서로 떼려야 뗄 수 없습니다. 하나하나가 독특한 인생의
좌표입니다. 모든 좌표를 소중히 여깁시다.

시간도 하나의 차원

"같이 밥 먹을까? 약속 잡자."

"어디서?"

"시부야 하치코 동상 앞에서 만나자."

"언제?"

"저녁 7시."

우리가 있는 곳을 나타내는 데 필요한 최소한의 수는 곧 우리가 속한 차원이다. 그러나 자신이 있는 곳을 나타내는 데 '하치코 동상 앞'만으로는 부족하다. 시부야의 하치코 동상을 모르는 사람에게 하치코 동상 앞을 정확히 전달하려면 최소한 3개의 숫자인 위도, 경도, 해발고도가 필요하다. 바로 3차원의 공간이라는 말이다. 그러나 우리는 오늘도 내일도 24시간 내내 하치코 동상 앞에 있지 못한다.

우리의 존재를 나타내기 위해서는 시간을 전달할 필요가 있다. 다시 말해 총 4개의 숫자가 필요하다. 우리는 4차원 시공(사이)에 있다. 시간도 하나의 차원이다. 시공을 이해하기 위해 우선 뉴턴[5]이 생각한 절대적인 우주 공간과 시간부터 생각해 보자.

뉴턴의 절대적인 시간과 공간

뉴턴이 생각한 우주는 공책 귀퉁이에 그림을 그려 팔랑팔랑 넘기는 만화와도 같다. 3차원 공간의 우주 전체가 만화의 한 장 한 장이고, 한 장 한 장에 그려진 사물의 장소는 시간에 따라 달라진다. 만화 한 장 한 장 넘어가는 순간이 시간의 흐름이기 때문이다. 시간의 기본 단위는 무엇이든 좋다. 예를 들어 1초라고 한다면 만화 한 장 한 장이 1초 1초가 된다. 영화는 24분의 1초마다 한 장씩 팔랑팔랑 넘어가는 만화다.

뉴턴이 생각한 우주는 3차원 공간의 세 방향으로 눈금이 있다. 모든 장소에 똑같은 시간이 표시되고 똑같이 움직이도록 동기화되었다. 예를 들어 지금이 오전 11시 15분이라면 4광년 떨어진 프록시마 센타우리 별에서도 오전 11시 15분이다. 누가 어디에 있든, 무엇을 하든 우주의 모든 곳에서 모든 사물의 시간은 완전히 똑같이 흐른다. 그러므로 체내와 원자 속까지 포함해 모든 곳의 시계가 똑같은 시간을 가리키는 것이 뉴턴의 우주다.

하지만 지구상의 시차는 다른 문제다. 태양의 움직임에 맞춰 각 장소의 시간을 변경했을 뿐이다. 실험을 위해 정교한 쿼츠 손목시계를 두 개 준비한다. 시차가 자동으로 조정되지 않는 아날로그 손목시계다. 두 시계를 도쿄에서 동기화해 하나를 뉴욕으로 가져가 보자. 도쿄의 시계가 오전 11시 15분이면 해가 지는 뉴욕의 시계도 오전 11시 15분을 가리킨다.

이것이 뉴턴이 생각한 절대적 시간이다. 그리고 시간은 1초 1초, 미래라는 한 방향을 향해 나아간다.

공간도 절대적이다. 공간의 눈금은 불변이므로 한 사람의 키가 166㎝라면 그 사람은 지구에서나 프록시마 센타우리 별의 행성 프록시마 센타우리 b에서나 166㎝다. 공간은 시간과 달라 전후, 좌우, 상하라는 식으로 하나의 차원 내에서 두 방향으로 움직일 수 있다.

공간과 시간을 합친 아인슈타인의 4차원 시공

3차원 시공간에서는 각 차원을 두 방향으로 움직일 수 있다. 한편 시간은 한 방향으로만 움직인다. 그러나 공간과 시간 모두 움직일 수 있는 방향이라는 의미에서는 차원이다.[6]

또 시간과 공간은 떼려야 뗄 수 없는 존재다. 이를테면 시간이 없는 공간에서는 사물은 전혀 움직이지 않고 변화하지 않는다. 별도 없고 인간도 없다. 사물이 조금이라도 변화하면 시간이 생겨난다.

한편, 공간이 없는 시간에서는 크기가 없는 존재만 존재하는 것이므로 별도 없고 인간도 없다. 존재가 조금이라도 움직이면 공간이 생겨나고 만다. 이처럼 공간과 시간은 서로 의존한다.

공간과 시간을 합쳐 시공으로 만드는 것은 다음으로 이야기할 불변의 광속이다. 3차원 공간과 1차원 시간을 합친 아인슈타인의 4차원 시공을 말한다.

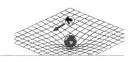

시공을 살아가는 우리가 '어디서' 무엇을 했는가 하는 문제는 '언제'에 의존한다. 예를 들어 수십 년의 시간을 초월해서 변하지 않는 사원이 있다고 해 보자. 그 사원을 10대 때 찾아가느냐, 어른이 되어서 찾아가느냐, 또는 노인이 되어서 찾아가느냐에 따라 느끼는 것과 배우는 것이 달라진다.

마찬가지로 우리가 '언제' 무엇을 했느냐는 '어디서'에 의존한다. 고등학교 졸업 후 편의점 아르바이트하며 인생의 방향을 생각한다고 해 보자. 그때 자신이 태어나 자란 동네에서 일하느냐, 다른 지역 또는 다른 나라에서 일하느냐에 따라 경험하는 것과 배우는 것은 크게 달라진다.

시공에서 우리의 '언제'와 '어디서'로 이루어진 좌표는 항상 움직인다. 모든 좌표는 독특하다. 두 번 다시 똑같은 좌표로 돌아갈 수는 없다. 그러므로 모든 '언제'를 소중히 여기고 다양한 '어디서'를 탐험해 나가자.

03

Q

광속이란 무엇인가요?

A

광속은 우주의 속도 제한입니다. 광속을 넘어 공간을 움직이는 일은
불가능하지만, 우리는 항상 광속으로 시공에서 움직이고 있습니다.
그 결과 공간 방향으로 움직이면 시간 방향으로 움직일 수 없게 되어
시간이 천천히 흐릅니다. 시간은 개인적이며 우리의 '지금'은 타인의
과거일지도 모르고 미래일지도 모릅니다.

Message

우리의 판단은 지금의 판단이 아니라 과거의 판단입니다. 그러므로 자신
의 뇌가 내린 판단을 의심해야 합니다.

불변하는 광속

광속(빛의 속도) = 공간 ÷ 시간

이 계산식을 보면 시간에 광속을 곱하면 공간이 되고, 공간을 광속으로 나누면 시간이 된다. 이처럼 성질이 다른 공간과 시간을 밀접하게 연결해 4차원 시공간(공간 3차원과 시간 1차원)의 성질을 정의하는 것이 광속이다.

광속은 불변이다. 지구의 자전 방향으로 측정해도, 반대 방향으로 측정해도, 움직이는 전철 안에서 측정해도, 진공 속[7] 광속은 초당 2억 9,979만 2,458m(대략 초속 30만km)로 일정하다. 어떤 속도로 움직이는 존재가 봐도 광속은 일정하다. 광속은 시점에 의존하지 않는 것이다.

물체의 움직임은 시점에 의존한다는 이야기, 다시 말해 "어디서 보는가?"라는 이 시점에 따라 움직임이 달라진다는 이야기를 떠올려 보자. 예를 들어 시속 60㎞로 움직이는 전철 안에서 누군가 공을 던진다고 해 보자. 시속 100㎞로 던진 그 공은 전철 안에 있는 사람이 보면 시속 100㎞로 움직이지만, 전철 바깥에 있는 사람이 보면 공이 전철의 진행 방향으로 움직일 때는 60+100, 즉 시속 160㎞로 진행 방향을 향해 움직인다. 반대로 공이 전철의 진행 방향과 반대로 움직일 때는 60-100, 즉 시속 40㎞로 진행 방향과 반대로 움직인다.

　이처럼 지상에서 우리가 경험하는 움직임의 속도는 더하거나 뺄 수 있지만, 광속은 더하거나 뺄 수 없다. 빛은 전철 안에 있는 사람에게나 전철 밖에 있는 사람에게나 전철의 진행 방향에 상관없이 일정한 속도, 즉 광속으로 움직인다.

불변의 광속과 아인슈타인의 4차원 시공

　움직이는 사람이나 사물에 어떻게 광속이 불변이라는 말을 쓸 수 있을까? 아인슈타인은 광속이 불변인 시공간에서는 물체와 물체의 상대적인 움직임에 따라 각각 경험하는 시간의 흐름과 공간의 거리가 변한다는 것을 깨달았다. 시간과 공간은 뉴턴이 생각했던 바와 같이 절대적인 것이 아니라, 움직이는 개개의 시점에 의존하는 상대적 개념이었다. 바로 이것이 아인슈타인의 특수 상대성 이론이다.

개개의 움직임 차이로 각각의 시점에서 보면 시간이 느려지거나 공간이 축소되기도 한다. 그리고 움직임이 광속에 가까워질수록 시간과 공간은 더 왜곡된다.

그러나 인간이 경험할 수 있는 속도로 시간의 지연이나 공간의 축소는 아주 미미하다. 이를 실감은 할 수 없기 때문에 아인슈타인의 특수 상대성 이론을 이해하기는 매우 어렵다. 예를 들어 초속 약 8 km로 움직이는 국제 우주정거장에서 1년을 보내도 0.01초밖에 시간 차이가 나지 않기 때문이다.

한편 지구 대기의 상층부, 즉 지상 약 10km 상공에서 고에너지 입자로부터 생성되는 뮤 입자는 광속의 99.4%로 움직인다. 따라서 정지해 있는 우리가 볼 때 뮤 입자의 수명은 10배 이상 연장된다. 뮤 입자의 평균 수명은 약 50만분의 1초이므로, 약 600m를 이동하는 동안 대부분 소멸해야 한다. 그러나 많은 뮤 입자가 10km를 이동해 지상의 관측 장비에 검출된다. 이것은 뮤 입자의 시간이 우리보다 상대적으로 느리게 흐른 결과다. 뮤 입자의 수명이 우리에게 10배 이상 연장됐다고도 할 수 있고, 뮤 입자의 시점에서 보면 지구(우리)의 수명이 10분의 1 이하로 축소됐다고도 해석할 수 있다. 이렇게 시간과 공간은 개인적이다. 그 이유는 광속이 어떤 시점에서 봐도 변하지 않고 초속 30만km를 유지하기 때문이다. 그럼 먼저 광속의 무엇이 특별한지부터 생각해 보자.

광속은 시공의 제한 속도

우리의 시공에서는 불변하는 광속이 절대적 규칙인 듯하다. 하지만 빛 자체가 특별한 것은 아니다. 시공에는 물체와 에너지가 움직일 수 있는 제한 속도가 있고, 빛처럼 질량이 없는 입자는 최고 속도로 공간을 움직일 수 있는 것뿐이다. 이 속도는 한 장소에서 다른 장소로 정보가 전달될 수 있는 최고의 속도다.

이 제한 속도가 없다면(정보가 순식간에 전달된다면) 공을 던짐과 동시에 창문이 깨지거나 안드로메다은하의 외계인이 눈 깜짝할 사이에 지구를 폭발시키는 일이 가능할 것이다. 온갖 일들이 동시에 일어나 과거와 현재와 미래가 없어지게 된다.

역사적으로 광속의 계측이 앞섰다는 이유로 "빛보다 빨리 움직이는 것은 없다."라는 표현을 쓰지만, 물리학자들이 광속이라는 말을 쓸 때는 '빛의 속도'라는 의미가 아니라 '시공의 제한 속도'를 뜻한다.

우리는 광속으로 공간 속을 움직일 수 없다

인간을 포함해 질량이 있는 물체는 광속으로 공간 내에서 움직일 수 없다. 움직일 때마다 더 많은 에너지가 필요해지는데 광속에 가깝게 가속할수록 무한대의 에너지가 필요해지기 때문이다.

우리는 광속으로 시공 속을 움직이므로, 공간 속을 움직이면 시간이 느려진다 우리를 포함해 모든 물체는 항상 시공 내를 최고 속도, 즉 광속으로 움직이고 있다. 의자에 앉아 책을 읽는 우리는 공간 속에서 전혀 움직이지 않지만 시간은 흐른다. 우리도 시간의 방향을 따라 시공의 최고 속도인 광속으로 움직이는 것이다.

광속은 시공의 속도 제한이므로 광속 이상의 속도로 시간 방향을 따라 움직일 수는 없다.

다음으로 우리가 책을 덮고 산책하러 나간다고 해 보자. 시간 방향을 따라 이미 시공의 제한 속도로 움직이는 우리는 그보다 더 빠른 속도로 시공 속을 움직일 수 없다. 공간 속을 움직이며 산책하려면 시간 방향으로 움직이는 속도를 낮추고 공간 방향으로 움직이는 방법밖에 없다. 거꾸로 말하면 공간 속을 움직인 만큼 시간 방향으로는 움직일 수 없게 되어 시간 방향으로는 더 천천히 나아가게 된다.

결과적으로 공간 속을 움직이면 움직일수록 시간 방향으로는 움직일 수 없게 된다. 다시 말해 우리가 시간 속을 나아가는 속도는 제자리에 멈춰 있는 사람보다 늦어지게 된다. 그러므로 광속으로 공간 속을 움직이는 빛은 시간 방향으로는 전혀 움직일 수 없다.[8]

시간과 공간은 상대적이며 우리의 시점에 의존한다

움직임을 단순히 더하고 뺄 수 있었던 뉴턴의 시공은 절대적이었다. 반면 시공의 제한 속도가 있고 움직임을 단순히 더하고 뺄 수 없는 아인슈타인의 시공에서는 시간과 공간의 척도가 개인적이고 상대적이다.

우리 한 사람 한 사람의 시간은 서로 다르다. 우리의 시계, 프록시마 센타우리 별의 시계, 안드로메다은하의 시계는 모두 다르다. 시간이란 개인적인 것이지 우주 전체에 적용할 수 있는 절대적인 시간이란 없다. 마찬가지로 절대적인 공간도 없다. 움직이면 그 움직이는 방향만큼 공간이 수축한다.

'움직임'이란 어디에서 보느냐에 따라 달라진다는 이야기를 떠올려 보자. 아인슈타인은 움직임뿐 아니라 시간과 공간도 '어디(무엇)에서 볼 때'라는 시점에 따라 달라진다는 사실을 발견했다. 그러므로 시간과 공간은 움직임과 마찬가지로 상대적이고 개인적 현상에 해당한다.

지금을 지금 알 수는 없다

광속이 불변하여 정보가 전달되는 속도가 유한하다는 것은 '지금'이 미래에만 존재한다는 뜻이다. 우리는 '지금'을 볼 수 없다.

스마트폰을 보는 지금은 대략 1천억분의 1초 전의 스마트폰이다. 스마트폰에서 나온 빛이 수십 ㎝를 이동해 눈에 도달하기 때문이다. 우리는 '지금'이 아니라 과거를 수신하고 있다.

마찬가지로 하늘에서 빛나는 태양은 8분 전의 태양이다. 태양의 표면에서 나온 빛은 대략 초속 30만㎞의 속도로 1억 5천만㎞를 이동해 지구에 도달한다. 여기에는 8분이 걸린다. 그래서 '지금'의 태양은 8분 후에야 알 수 있다.

밤하늘에 빛나는 시리우스는 8.6년 전의 시리우스, 베텔게우스는 643년 전의 베텔게우스다. 시리우스와 베텔게우스에서 나온 빛이 지구에 도달하는 데 각각 8.6년과 643년이 걸리기 때문이다. 이를테면 베텔게우스는 적색 초거성이며 초신성 폭발 직전이라고 예측되지만, 어쩌면 '지금'의 베텔게우스는 이미 폭발해 산산조각나 버렸는지도 모른다. 그러나 '지금'의 베텔게우스는 643년 후에야 알 수 있다. 643년 후에야 비로소 과거의 '지금'을 알 수 있는 것이다.

지금은 개인적이며 동시가 아니다

우리의 '지금'은 누군가의 과거이자 누군가의 미래다. 시간은 상대적이기 때문이다.

이를테면 움직이는 전철의 한가운데에 앉아 있는 스이와 전철을 승강장에서 바라보는 우메가 있다[그림 25]. 전철의 한가운데가 우메를 지나는 순간, 전철의 양 끝에 벼락이 떨어진다고 가정해 보자. 벼락의 빛은 광속으로 똑같은 거리(전철 길이의 절반)를 지나 우메의 눈에 들어온다. 그러므로 우메에게 벼락은 동시에 떨어진 것이 된다.

그러나 전철 안에서도 벼락의 빛은 광속으로 움직인다. 전철과

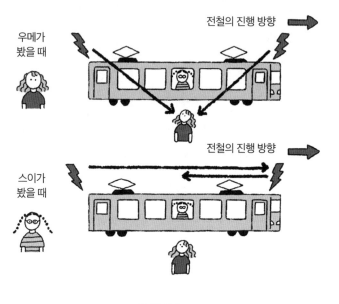

[그림 25]

함께 움직이는 스이는 앞쪽에서 오는 벼락의 빛을 향해 움직이고 있으므로 벼락이 먼저 눈에 들어온다. 그다음 뒤쪽의 벼락이 눈에 들어온다. 그래서 스이는 앞쪽에 벼락이 떨어진 후 뒤쪽에 벼락이 떨어졌다고 결론 내린다.

우메에게 동시에 일어난 일이 스이에게는 동시에 일어나지 않은 것이다. 둘 중 누가 옳을까? 사실 우메와 스이 모두 옳다. 시간은 개인적이므로 "누가 볼 때?"라는 시점에 따라 달라지기 때문이다. 우메의 '지금'은 스이에게는 미래이거나 과거일 수 있다. 다른 상황에서는 스이의 '지금'이 우메의 미래나 과거가 되기도 한다.

이 '지금'의 차이는 상대적인 움직임에서 생겨난다. 책을 읽고 있는 우리의 '지금'과 산책하는 친구의 '지금'은 서로 다르다. 지구상에서 '지금'의 차이는 너무 작아 알아차릴 수 없지만, 우주 규모에서는 작은 움직임으로 인한 '지금'의 차이가 과거와 미래의 커다란 차이로 불어난다.

미래와 과거와 지금은 모두 평등하게 존재한다

우주 규모의 전철, 예를 들어 길이 100억 광년의 전철 양 끝에 벼락이 떨어진다고 생각해 보자. 이 전철이 지구의 전철과 똑같은 속도로 움직인다 해도 빛이 우메와 스이에게 도달하는 시간은 전철의 길이에 비례해 길어진다. 그로 인해 지지상의 전철에서는 미미했던 '지금'의 차이가 증폭되어서 수백 년 단위의 차이가 될 것이다.

이를테면 지구와 100억 광년 앞쪽의 상대적 움직임이라면 '지금'은 우리의 115년 전, 아인슈타인이 시공을 생각했던 때가 될 수도 있고, 우리의 115년 후 후손이 태어나는 순간이 될 수도 있다.

그러나 100억 광년 앞의 '지금', 지구의 115년 전이나 115년 후가 보이는 것은 아니다. 그것은 우리에게 '지금'의 베텔게우스가 보이지 않는 것과 마찬가지다. 100억 광년 앞쪽 '지금'의 정보는 100억 광년 앞쪽의 미래에 전달되므로, 미래에서 거꾸로 계산해야 비로소 과거의 '지금'을 알 수 있다.

'지금'이 개인적이라는 것은 우리의 모든 과거와 미래가 우주 어딘가의 '지금'이며 시간은 과거든 미래든 모두 평등하게 현실로 존재한다는 뜻이다. 이것이 아인슈타인의 '블록 우주block universe'다. 이는 우주의 모든 것이 과거부터 미래까지 마치 단단한 블록같이 존재한다는 뜻이다. 그리고 우리의 과거와 현재, 미래도 모두 이 블록 우주에 있다는 의미이다.

'내 미래가 이미 존재한다니!'라는 생각으로 절망할 필요는 없다. 우리의 입장에서 미래는 아직 결정되지 않았다. 누군가에게 내 미래가 '지금'이라도, 또는 누군가가 공간을 움직여 내 미래로 갈 수 있더라도, 내 '지금'이 찾아오기 전에 그 사람이 내게 그 '지금'을 전달할 수는 없다. 정보 전달의 제한 속도(광속)가 존재하기 때문이다. 내게는 내 시계의 1초 1초마다 찾아오는 미래다. 내게는 아직* 알 수 없으며 이제부터 찾아올* 것이기 때문에 미래****다. 이 1초 1초에 양자 세계의 확률이 있다는 이야기는 6장에서 자세히 설명하겠다.

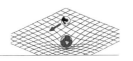

뇌 실험 한 가지를 소개하겠다. 참가자에게 버튼을 주고 언제든지 눌러도 된다고 말한다. 그러나 참가자가 '버튼을 누를까?'라고 생각하기 0.3초 전에 이미 뇌가 무의식적으로 버튼을 누르기로 선택한다고 한다. 오른쪽 버튼을 누를지 왼쪽 버튼을 누를지 선택하는 실험, 숫자 두 개를 서로 더할지 뺄지 선택하는 실험 등 다양한 실험이 있는데, 모두 같은 결과가 나왔다. 자신이 선택했다고 인식하기 약 0.3초 전에 이미 뇌가 움직이기 시작해 선택하고 인간은 그 선택에 따르는 결과다.

하지만 우리의 뇌는 가정과 착각의 네트워크이기 때문에 자기 중심의 편향이 작용하는(시점의 제한을 받는) 판단을 내리게 된다. 버튼을 누르거나 간단한 계산을 하는 단순한 선택은 큰 영향을 받지 않지만, 대상이 복잡할수록 또 자신에게 미지일수록 현실에서 벗어난 왜곡된 해석을 할 가능성이 커진다.

이러한 자기 뇌의 한계(편향)에서 해방되고 싶다면, 다시 말해 현실을 더 정확히 보고 싶다면 자신의 뇌가 내리는 지시를 의심해야 한다. 타인이나 사물을 안일하게 해석해서는 안 된다. 또한 뇌의 지시를 전혀 따르지 않는 선택도 가능하다. 물론 트럭이나 코끼리가 갑자기 달려들 때와 같이 뇌의 무의식적 판단을 곧바로 따라야 할 때도 있다. 그러나 판단을 내리기 전에 한 번 멈춰 설 수 있는 상황이라면 잠시 멈춰 서 보자. 그리고 자신의 뇌가 내리는 지시를 의심하고 그 해석과 판단을 의심해 보자.

그렇게 하면 뇌의 지시를 따르지 않고 새로운 세계로 뛰어들 수 있다. 그곳에 자유로운 선택이 있을 수도 있다.

03

Q

왜 시간은 미래 방향으로만 흐르나요?

A

우주가 시작될 때 엔트로피가 낮았기 때문으로 생각됩니다.
엔트로피는 무질서, 무지, 숨은 정보입니다. 우리에게 주름이 늘어나듯
우주의 엔트로피도 늘어납니다. 그 방향을 미래라고 부르며 그 방향으로
시간이 흐른다고 생각합니다.

Message

우리의 미래는 자유롭습니다. 무엇을 생각하고 어떤 일을 하느냐에 따라
자신의 미래를 만들어 나갈 수 있습니다.

시간의 화살

달걀은 깨지고 나무는 썩는다. 인간도 주름이 늘고 뼈, 근육, 장기가 점점 약해진다. 우리는 이 방향을 미래라고 부른다. 깨진 달걀과 썩은 나무는 원래대로 돌아갈 수 없고, 인간도 다시 젊어질 수 없다. 돌아갈 수 없는 이 방향은 과거이다. 생명과 지구상의 모든 존재에는 시간의 방향이 과거에서 미래로 향한다. 이것을 시간의 화살이라고 한다.

우주에도 똑같은 시간의 화살이 있다. 초신성이 폭발한 후 산산이 흩어진 잔해가 원래의 별로 돌아가는 일은 없다. 별이 빛을 흡수해 원래의 커다란 원시 가스 구름으로 돌아가는 일도 없다.

우주의 규칙에 시간의 화살은 없다

공이 바닥에 튕기며 움직이는 모습[그림 26, 윗부분]을 보자. 공이

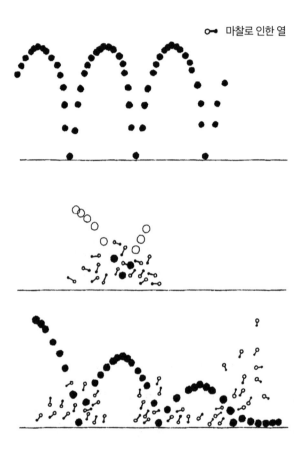

마찰로 인한 열

[그림 26]

오른쪽으로 움직이는가, 아니면 왼쪽으로 움직이는가? 어느 쪽이 과거이고 어느 쪽이 미래 방향인지 아는가?

공과 바닥, 공기 사이에 마찰이나 소리가 전혀 존재하지 않으면 공은 언제까지나 움직일 수 있으므로 시작과 끝도 없고 과거와 미래도 없다. 이처럼 우주의 모든 물체의 움직임에는 기본적으로 시간의 화살이 없다. 미래도 없고 과거도 없는 것이다.

엔트로피가 증가하는 방향이 미래

그러나 현실 세계의 공은 자연스럽게 멈춘다[그림 26, 아랫부분]. 우리는 시간이 흐르면 공이 멈출 것을 확신하며 그 방향이 미래라고 생각한다.

공을 멈추게 하는 것은 공과 바닥, 공기 사이의 마찰이다. 다시 말해 미세한 분자 수준의 진동이며 움직임이다[그림 26, 가운데]. 이 분자(입자)의 움직임이 열이다. 움직이는 분자와 분자는 서로 부딪치며 무작위 방향으로 점점 퍼져 나간다(열의 확산). 이 열에서 관찰되는 미세한 무질서가 바로 엔트로피다.

엔트로피는 물질이나 에너지가 들고 나지 않는 닫힌 공간 내에서는 반드시 증가한다. 일정할 수는 있어도 절대로 감소하지 않는다. 이것은 우주의 법칙 중 하나로 '엔트로피 증대의 법칙'이라고 한다.

우주의 기반에 있는 규칙, 이를테면 뉴턴의 운동 법칙, 아인슈타인의 중력과 상대성이론, 전자기학, 양자역학의 규칙에는 시간의 화살이 전혀 없다. 유일하게 시간의 화살이 있는 우주의 규칙은 엔트로피 증대의 법칙이다. 그러므로 우리 인간의 관점에서 엔트로피가 증가하는 방향은 미래가 된다.

엔트로피는 무질서

일반적으로 반드시 증가하는 이 엔트로피의 물리량을 '무질서'라고 표현한다. 그러나 엔트로피를 무질서라고 부르는 것은 타당하지만 완전하지는 않다. 확실히 열은 무질서가 증가하는(더 많은 분자가 공유하는) 방향으로 나아간다.

다시 말해 열은 뜨거운 것에서 차가운 것으로 확산되는 것이다. 달걀은 깨짐으로 무질서해지고, 얼굴은 주름이 늘어서 무질서해지며, 그 과정에서 열도 발생하므로 '엔트로피는 무질서'가 된다.

그러나 엔트로피로서 무질서는 원자와 분자 등 미세한 수준의 무질서이지 우리의 눈에는 무질서로 보이지는 않는다.

우리가 보고 감지하는 것은 미세한 것들이 모여 전체를 이루는 거시적인 상태, 이를테면 공기의 온도나 달걀의 형태이다. 거시적인 무질서는 반드시 미시적인 무질서와 비례하지는 않는다. 블랙커피에 우유를 넣고 저으면 검은색과 흰색이 뒤섞인다. 이는 다 섞인 뒤의 균일한 갈색 커피보다 더 무질서해 보이지만, 미세한 수준의 무

144

질서(엔트로피)는 후자가 더 크다. 그러므로 엔트로피란 겉만 보고 판단할 수는 없으며 이를 이해하기 위해 미세한 수준에서 생각할 필요가 있다.

엔트로피는 무지의 정도이자 숨은 정보

방 안에 균일한 온도, 이를테면 섭씨 25도의 공기가 있다고 상상해 보자. 방 안에는 대략 10^{26}개의 공기 분자가 있는데, 이 무수히 많은 분자가 서로 위치를 바꿔도 우리는 무엇이 달라졌는지 알지 못한다. 공기는 공기로 보일 뿐이다. 섭씨 25도의 공기라는 거시적인 상태로안에는 미시적인 규모의 분자 하나하나의 위치와 에너지가 숨은 정보로서 존재한다.

이 숨은 정보의 양이 우리가 알 수 없는, 즉 '무지'의 정도이자 엔트로피다. 이 엔트로피를 더 자세히 미시적인 수준에서 생각해 보자.

창문과 문을 모두 닫은 방 한가운데에 칸막이를 설치하고 방의 공기를 왼쪽에 전부 몰아넣고 오른쪽에는 진공 상태로 만든다고 해 보자. 칸막이를 치우면 어떻게 될까? 왼쪽의 공기가 오른쪽으로 움직여 언젠가 방 안에 균일해질 것이다. 왼쪽에만 공기가 있는 상태와 비교했을 때 양쪽에 공기가 균일하게 확산하는 상태는 무질서하므로 엔트로피가 높다.

이제 이 방 공기의 움직임을 미시적인 수준에서 분석해 보자. 왼

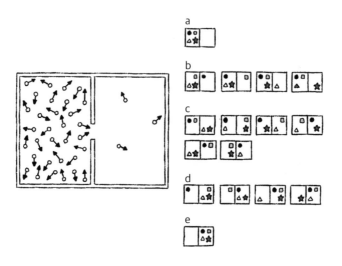

[그림 27]

쪽에는 n개의 공기 분자가 있고 오른쪽에는 0개의 공기 분자가 있다고 가정한다. n은 현실에서는 10^{26} 이상이지만 여기서는 쉬운 이해를 위해 공기 분자가 4개뿐이고(n=4) 하나하나의 형태가 다르다고 가정하겠다. 그리고 방의 칸막이를 치우면 분자 4개가 방의 어느 쪽으로 갈지, 가능성의 조합을 생각해 보자[그림 27].

분자 4개가 방의 왼쪽 또는 오른쪽에 있는 경우의 수는 2n=24로 16종류다. 모든 공기 분자가 왼쪽 또는 오른쪽에 있는 경우는 각 하나씩이다(a와 e). 공기 분자가 양쪽에 2개씩 있는 경우는 6개다(c). 현실의 공기 분자에는 형태 차이가 없으므로 어느 분자끼리 쌍을 이루든 거시적인 상태는 완전히 똑같다. 다시 말해 우리에게는 똑같이 보인다는 뜻이다. 그러므로 이 6가지 경우는 우리가 미시적인 부분과 관련해 얼마나 모르고 있는지를 나타내는 수, 다른 말로 무지의 정도를 나타내는 수라고 할 수 있다. 우리에게는 완벽하게 숨겨진 정보이다.

이 무지의 정도, 또는 숨은 정보가 바로 엔트로피다. (a)나 (e)보다 (c)의 상태에서 엔트로피가 더 높다.

엔트로피가 증가하는 것은 그렇게 될 확률이 높기 때문

미시적 입자들의 조합의 수가 많으면 많을수록 우리에게는 똑같이 보이는 거시적 상태일 확률이 높아진다.

미시적 입자들의 조합을 수치로 나타낸 것이 엔트로피이므로, 엔트로피가 증가하는 방향으로 상황이 움직이는 이유는 단순히 그렇게 될 확률이 높기 때문이다.

[그림 27]에서 (a) 또는 (e)의 상태가 될 확률은 각각 16분의 1이고 (c)가 될 확률은 16분의 6(8분의 3)이다. 분자 수가 4개라고 생각하면 큰 차이가 없다. 하지만 모든 분자가 한쪽에만 있을 확률보다 공기가 양쪽에 균일(평등)하게 확산할 확률이 더 높은 건 사실이다.

공기 분자가 100개라면 어떨까? 분자 100개가 방의 양쪽 중 어딘가에 존재할 경우의 수는 2^{100}, 대략 10^{30}개다. 분자가 전부 왼쪽에 있는 조합은 1개, 분자가 1개만 오른쪽에 있는 조합은 100개, 분자가 2개만 오른쪽에 있는 조합은 4,950개다. 한편 분자 49개가 오른쪽에 있는 조합은 대략 0.989×10^{29}개, 왼쪽과 오른쪽에 50개씩 있는 조합은 대략 1.00891×10^{29}개다.

분자가 균등하게 분포하는 거시적 상태일수록 미시적 조합의 개수, 즉 엔트로피가 압도적으로 높다. 이를 역으로 생각하면 엔트로피가 큰(높은) 상태는 그렇게 될 확률이 높은 상태이다.

공기 분자가 거의 균등하게 분포하는 것은 그 방향이 엔트로피가 증가하는 방향이며 확률이 높은 방향이기 때문이다. 이렇게 공기 분자의 분포는 언제나 엔트로피가 최대인 상태를 이룬다.

분자 100개만으로도 이만큼 큰 차이가 나타나는데, 현실에서 1㎥에 공기 분자가 10^{25}개라는 사실을 생각하면 거시적 상태는 필연적으로 엔트로피가 증가하는 방향으로 움직일 것이다. 엔트로피 증대의 법칙은 순수하게 통계적인 확률의 결과다.

엔트로피가 높은 것이 미래이고, 엔트로피가 낮은 것이 과거다

엔트로피가 증가하는 방향을 우리의 미래라고 여긴다면, 오늘보다 어제, 어제보다 그제가 엔트로피가 낮아야 한다. 과거로 가면 갈수록 엔트로피는 낮을 것이다. 다시 말해 우주가 시작될 때 엔트로피가 가장 낮았을 것으로 추측할 수 있다.

우리가 관측하는 초기 우주의 엔트로피는 관측 가능한 우주 내에서 약 10^{88}이다. 한편 현재 우주의 엔트로피는 10^{103}이므로 100조 배로 늘어났다. 10을 엔트로피의 숫자만큼 곱한 수가 실제 미시 수준의 조합 수이다. 그러므로 관측 가능한 우주의 미시 수준 조합이 10의 10^{88}에서 10의 10^{103}으로 늘어난 것이다.

우주가 시작될 때는 엔트로피가 낮았으므로 우리는 시간의 한 방향(미래)으로만 움직이고 있는 듯하다. 우주가 시작될 때 엔트로피가 높았다면 확률적으로 엔트로피가 낮은 상황이 되거나 높은 상황이 되어 양방향으로 변화되어 명확한 시간의 화살이 없어진다. 그로 인해 과거와 미래를 구별할 수 없게 된다.

엔트로피가 증가하므로 미래를 만들어나갈 수 있다

우리 우주의 엔트로피는 최대 10^{122}이므로 현재 10^{103}인 우주는 이제 갓 시작되었을 뿐이다. 우주는 커피의 검은색과 우유의 흰색이 복잡하게 섞여드는 상태다. 지구는 엔트로피가 낮은 태양광(에너지)을 받아 복잡한 생태계를 만들어 내고 있다. 그리고 태양광보다 엔트로피가 높은 열을 우주로 돌려주며 생태계를 유지한다.[9]

우주는 엔트로피가 가장 낮은 상태에서 시작해[10] 긴 시간을 들여 엔트로피가 최대인 상태를 향해 나아간다. 최대 엔트로피에 달하면 시간의 화살이 없어지고 과거와 미래도 없어질 것이다.

우주가 시작할 때 엔트로피가 왜 낮았는지는 알 수 없다. 그런 우주에 태어난 덕분에 우리에게는 과거와 미래가 생겼다. 이 우주는 과거로 돌아갈 수 없지만 우리에게는 과거의 기억이 있다. 그리고 미래는 우리가 알지 못하는 방향에 있으므로 미래를 선택할 수 있다. 자신의 선택이 결과를 낳고, 자신의 선택을 통해서 원하는 방향으로 나아가는 것이다.

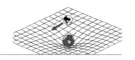

우리는 어제저녁에 무엇을 먹었는지는 기억하지만, 내일 저녁에 무엇을 먹을지는 기억할 수 없다. 기억에 남을 수 있는 것이 과거(낮은 엔트로피)이고, 기억에 남을 수 없는 것이 미래(높은 엔트로피)다.

한편 어제저녁에 무엇을 먹었는지는 선택할 수 없지만, 내일 저녁 무엇을 먹을지는 선택할 수 있다. 과거는 선택할 수 없지만 미래는 선택할 수 있다. 과거는 가능성의 폭이 좁고 예측 가능하므로 기억으로서 신용할 수 있다. 하지만 선택의 여지는 없다. 미래는 가능성의 폭이 넓고 예측이 어렵기에 기억으로 신용할 수 없다. 그렇지만 선택의 여지가 있다.

과거와 지금, 미래가 평등하게 존재하는 우주에서 우리는 선택을 통해 미래를 만들어나갈 수 있다. 시간의 화살이 없는 미시적인(원자) 세계와 시간의 화살이 있는 거시적인(인간) 세계는 동시에 존재하며 서로 보완한다. 거시적 세계에는 미시적 세계에는 없는 선택(자유의지)이 있다.

05

Q

중력이란 무엇인가요?

A

중력은 시공의 뒤틀림입니다.

Message

"왜?"라는 의문이 새로운 발견을 낳고 더 좋은 사회를 만들어나갑니다.
학교 교육과 사회가 우리의 "왜?"를 억압하지 않도록 해야 합니다.

뉴턴의 중력

뉴턴은 중력이 '질량을 가진 물체와 물체 사이에 작용하는 힘'이라 정의했다.

중력은 인력이라고도 한다. 만유인력의 법칙에 따르면 사과는 사과와 지구 사이에 작용하는 중력에 이끌려 땅에 떨어진다. 마찬가지로 달도 달과 지구 사이에 작용하는 중력에 이끌려 지구로 떨어진다. 달은 지구에 부딪히지 않도록 포물선을 그리며 떨어지기 때문에 지구 주위를 도는 것이다[그림 28].[11] 지구도 지구와 태양 사이에 작용하는 중력에 이끌려 태양으로 떨어지면서 태양 주위를 돈다. 이것이 뉴턴의 해석이었다.

아인슈타인의 중력

그로부터 250년 후 아인슈타인은 중력의 본질을 발견했다. 중력

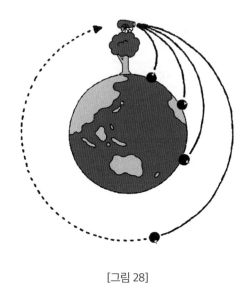

[그림 28]

은 '힘이 아니라 시간의 뒤틀림과 공간의 뒤틀림'이다.

시간의 뒤틀림의 경우, 3차원 공간의 뒤틀림을 가시화하기는 불가능하므로 2차원 공간인 구의 표면을 생각해 보자. 같은 2차원 공간이라도 종이 위의 편평한 표면과는 달리 구의 표면은 뒤틀려(구부러져) 있다. 이것이 시공의 뒤틀림이다.

시간의 뒤틀림을 가시화할 수는 없으니 장소에 따라 시간의 흐름이 다르다고 생각하자. 뒤틀리지 않은 시공에서는 시간이 똑같이 흐른다.

아인슈타인은 물질(질량과 에너지)이 시공을 왜곡하고 주변의 물체를 움직인다고 생각했다. 이 왜곡된 시공이 바로 중력 그 자체다.

사과가 아래로 떨어지는 이유는 지구가 당기기 때문이 아니라 사과가 뒤틀린 시공에 저항 없이 몸을 맡기고 있기 때문이다. 뒤틀린 시공을 강물에 비유하면 이 사과는 강물의 흐름을 거스르지 않고 떠내려가는 것이다. 이것이 사과가 떨어지는 현상이다. 이때 사과의 힘은 전혀 작용하지 않는다.

한편 정지한 상태인 우리는 이 강물의 흐름에 저항하며 정지 상태를 유지한다. 시공의 뒤틀림에 저항하고 있기에 움직이지 않는 것이다. 다시 말해 정지한 우리에게는 지면의 힘이 작용하고 있다.

그렇다면 아인슈타인은 시공의 뒤틀림이 중력이라는 사실을 어떻게 깨달았을까?

중력을 없앤다 : 아인슈타인의 인생에서 가장 행복한 아이디어

중력의 본질을 떠올리는 계기가 된 '지붕에서 떨어지면 중력은 없어진다!'라는 생각은 아인슈타인의 인생에서 가장 행복한 아이디어가 되었다.

창문이 없는 엘리베이터 안에 있다고 상상해 보자[그림 29]. 그 엘리베이터를 연결하는 케이블이 끊어져 아래로 떨어진다면[그림 29, 왼쪽] 이 상태를 자유낙하라고 한다. 그러나 엘리베이터 안에 있는 자신은 창문이 없으므로 지구상에서 자유낙하하는 엘리베이터 안

[그림 29]

[그림 30]

156

에 있는지, 우주 어딘가에서 중력이 전혀 존재하지 않는 무중력 장소에 있는지[그림 29, 오른쪽] 구별하지 못한다.

국제 우주정거장 안은 일반적으로 '무중력'이지만 실제로 중력이 없는 것은 아니다. 지구의 중력에 저항하지 않고 계속 떨어지기에 '무중력' 상태와 구별되지 않을 뿐이다. 다시 말해 중력에 저항하지 않고 자유낙하를 함으로써 중력의 효과가 없어지는 것이다.

중력을 만든다

아인슈타인은 중력을 없앨 수 있다면 중력을 만들 수도 있다고 생각했다.

지금 우리가 우주의 어딘가, 무중력 장소에서 1초마다 초속 9.8m씩 가속하는 로켓 안에 있다고 상상해 보자[그림 30, 오른쪽].

자동차가 전진 방향으로 가속하면 그 반대 방향, 즉 등받이를 향해 몸이 눌리는 느낌이 든다. 사실 아무것도 우리 몸을 밀지 않는다. 다만 자동차의 가속 전 상태를 유지하려는 몸을[12] 등받이가 앞으로 밀어낼 뿐이다.

마찬가지로 창문 없이 가속하는 로켓의 바닥은 가속 전의 상태에 머무르려는 우리를 위로 밀어낸다. 그로 인해 무중력 장소(자유낙하 상태)에서는 둥둥 떠 있었는데 로켓이 가속하면 바닥에 서 있을 수 있게 된다.

이렇게 해서 중력이 만들어졌다. 로켓에는 창문이 없으므로 무중력 장소에서 가속하는 로켓 안에 있는지, 또는 지구상에 놓인 로켓 안에 있는지[그림 30, 왼쪽] 전혀 구별할 수 없다. 사과를 손에서 놓으면 어떤 상황에서든 사과는 똑같은 가속도인 초속 9.8m씩 빨라지는 속도로 바닥에 떨어진다.[13]

중력은 시공의 뒤틀림

중력을 없앨 수도 있고 만들 수도 있다는 사실에서 중력의 효과와 가속의 효과는 서로 구별할 수 없다. 이것이 아인슈타인의 '등가원리'이며 중력의 본질을 밝혀낼 열쇠이다.

움직임으로 가속하면 매초 속도와 방향이 달라지므로 4차원 시공은 그 변화와 함께 늘어났다 줄어들었다 한다. 중력과 가속도로 인한 움직임은 등가라고 생각했던 아인슈타인은 이 시공의 늘어나고 줄어듦, 즉 뒤틀림 그 자체가 중력의 본질임을 깨달았다.

지구의 중력이 어떤 형태인지 보고 싶다면 밖으로 나가 공을 던져보자. 공이 그리는 포물선이 곧 시공의 뒤틀림이다. 달의 궤도도 곧 지구에 의한 중력의 형태다[그림 31]. 공과 달은 모두 뒤틀린 시공에 저항하지 않고 똑바로 움직일 뿐이다. 나무에서 떨어지는 사과[그림 28]도 시공의 뒤틀림을 따라 똑바로 움직인다. 떨어지지 않는 우리가 오히려 시공의 뒤틀림에 저항하며 가속하는 것이다.

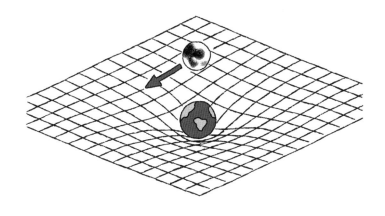

[그림 31]

시공을 뒤트는 것은 지구의 질량이다. 물체의 질량(m)과 에너지 ($E=mc^2$)가 시공을 뒤트는 것이다[그림 31]. 시공은 중력의 무대이며 물체와 에너지에 응해서 역동적으로 변화한다. 물체가 물체를 끌어당기는 것이 중력이 아니라, 물체가 시공을 뒤틀고 그 뒤틀린 시공이 물건을 움직이게 하는 것이 중력이다. 그러므로 뒤틀린 시공 그 자체가 중력이다. 이러한 중력의 본질을 이해한 아인슈타인은 10년의 세월을 들여 고도의 수학을 통해 시공과 중력을 통합했다. 이것이 '일반상대성이론'이다.

중력의 해석도 시점에 따라 달라진다

물론 중력에 대한 뉴턴의 해석이 틀린 것은 아니다. 우리가 지구에서 느끼는 중력은 물체와 물체 사이에 작용하는 힘이라는 뉴턴의 시점이 가능하다. 그러나 다양한 우주 현상 앞에서는 뉴턴의 시점으로는 설명할 수 없는 게 있다. 그럴 때는 시공의 뒤틀림이 중력이라는 아인슈타인의 시점이 필요하다.

중력이 시공의 뒤틀림이라는 증거 1-빛이 구부러진다

중력이 '질량이 있는 물체 간에 작용하는 힘'이라면 질량이 없는 빛은 중력의 영향을 전혀 받지 않게 된다. 한편 중력이 '시공의 뒤틀림'이라면 빛도 뒤틀림을 따라 움직인다. 아인슈타인에 따르면 지구는 태양이 뒤튼 시공을 따라 움직이므로 태양의 주위를 도는 것처럼 보인다. 그러므로 태양 주위를 지나는 빛도 태양 주위를 돌거나 구부러지는 듯 보인다.

일반상대성이론이 발표되고 몇 년이 지난 1919년, 개기일식이 일어날 때 천문학자 아서 에딩턴은 태양의 뒤에 있던 히아데스성단의 빛을 관찰했다. 태양이 앞에 있을 때(낮)와 아닐 때(밤)를 비교해 히아데스성단의 빛이 구부러진다는 사실을 보여 줬다.[14] 이 굴곡은 태양이 시공을 뒤틀기 때문에 생겨난 것으로 아인슈타인의 일반상대성이론이 예측한 값과 정확히 일치했다.

이처럼 시공의 뒤틀림이 빛을 구부리고 때로는 마치 돋보기처럼 빛을 모아 밝게 만드는 현상을 '중력렌즈 효과'라고 한다. 빛의 경로에 있는 거대 은하단으로 인한 중력 효과로 멀리 있는 우주(초기 우주)의 빛이 돋보기처럼 하나로 모여 매우 밝아짐으로 평소 보이지 않던 초기 천체가 보이는 일도 있다. 한 예로 2022년 7월 제임스 웹 망원경이 발견한 거대 은하단 SMACS 0723의 데이터에는 갓 생겨난 아기 은하 후보가 87개나 있다고 한다.

중력이 시공의 뒤틀림이라는 증거 2-시간이 늘어난다

키가 큰 사람일수록 나이를 더 많이 먹는다는 사실을 아는가? 미국 국립표준기술연구소[NIST]가 최근 실시한 실험에 따르면 어떤 두 사람의 키가 33㎝ 차이 나는 경우 79년마다 나이(시간)가 99억분의 1초의 차이가 났다. 이것은 아인슈타인의 일반상대성이론에 따른 예측과 정확히 일치한다.

중력은 시공의 뒤틀림이므로 시간도 뒤틀려 있다. 시간의 뒤틀림이란 시간의 흐름 차이로 더 많이 뒤틀린 곳, 즉 중력이 강한 곳에서는 시간이 더 늘어나 있다. 다시 말해 시간이 상대적으로 천천히 흐른다. 지구 표면에 가까우면 가까울수록 시간이 천천히 흐르는 것이다.

그러나 지구 표면의 시간 차이는 너무 작아 인간이 실감할 수 없고, 생활에도 거의 영향을 미치지 않는다. 다만 GPS 위성의 위치 서비스에 의존하는 스마트폰 지도 앱과 음식 배달 앱은 시간의 왜곡에 대한 보정 없이는 기능하지 않는다.

GPS 위성은 고도 2만㎞의 궤도를 시속 1만 4천㎞로 움직인다. 움직이면 시간이 천천히 흐르므로 GPS 위성의 시계는 지상의 시계보다 하루에 7마이크로초(1마이크로초는 100만분의 1초)씩 느려진다. 한편 지구의 중심에서 멀어져 중력이 약해지면 시간이 빨리 흐르므로 GPS 위성의 시계는 하루에 45마이크로초씩 빨라진다. 이를 계산하면 결과적으로 하루에 38마이크로초씩 시계가 빨라지므로 이를 보정해 지상의 시간과 맞춰야 한다. 이 시간차를 보정하지 않으면 하루에 약 11㎞의 위치 오차가 발생한다. 그러므로 지금 스마트폰의 지도 앱을 사용해 길을 제대로 찾아갔다면 아인슈타인의 일반상대성이론이 옳다는 증거다.

중력이 더 강해 시공이 심하게 뒤틀린 곳에 가면 시간차는 더욱 현저해진다. 이를테면 블랙홀의 입구에서는 시간조차도 멈춘 것처럼 보인다. 이는 제4장에서 자세히 설명하겠다.

중력이 시공의 뒤틀림이라는 증거 3-시공에 잔물결이 생긴다

아인슈타인이 중력과 시공이 통합되면 중력의 변화가 시공에 잔물결을 만들어 낼 것이라고 예언한 지 딱 100년 뒤, 이 잔물결(중력파)이 관측되었다. 13억 광년 전 두 블랙홀(각각 질량이 태양의 약 30배)이 합체한 순간, 태양 질량의 3배에 해당하는 에너지가 방출되어 시공을 뒤흔들었다. 그리고 13억 년의 시간을 뛰어넘어 2015년 9월 14

일 지구에 도달했다.

시공의 뒤틀림 정보는 시공의 제한 속도인 광속으로 전달되므로 중력파도 광속으로 전달된다. 중력파가 지나가면 지구의 시공은 늘어났다 줄어들었다 한다. 우리의 몸속 공간도 길고 가늘게 늘어났다가 짧고 굵게 줄어든다. 그러나 이 현상은 양성자 크기의 1만분의 1 정도이므로 인간이 느낄 수는 없다. 이렇게 작은 공간의 변화를 관측할 수 있는 인간은 정말 대단하지 않은가. 그리고 시공의 변화를 예상한 아인슈타인 또한 정말 대단하다.[15]

LIGO(라이고)의 첫 중력파 검출에 공헌한 물리학자들은 2017년 노벨상을 받았다. 중력파 천문학의 막을 올린 것이다. 2015년 이후 수많은 블랙홀 또는 중성자성 충돌로 인한 중력파가 검출되었다.

2034년에는 우주 중력파 망원경LISA이 발사될 계획이다. 이 망원경으로 초기 우주의 블랙홀을 포함해 초거대 블랙홀의 충돌을 관찰할 예정이다. 또 우주가 탄생한 순간에 나온 중력파도 검출할 수 있을지 모른다. 정확한 주기로 빛을 발하는 펄서를 사용한 은하 규모의 검출 방법PTA도 시도되고 있다.

마지막으로 우리도 질량(에너지)이 있어서 시공을 뒤틀고 있다. 우리가 매일 일으키는 복잡한 움직임이 시공을 움직이는 것이다.

어린아이가 느낄 법한 "왜?"라는 의문에서 아주 단순한 사고실험을 거쳐 엄청난 발견을 해내는 것이 아인슈타인의 특기였다. '지붕에서 뛰어내리면 중력이 없어질까?', '거울을 들고 광속으로 움직이면 거울에 무엇이 비칠까?' 등과 같은 의문이었다. "왜?"라는 의문은 호기심에서 탄생한다. 그리고 "왜?"가 새로운 발견을 낳고 더 좋은 사회를 만들어나간다.

그러나 아직도 학교 교육은 "왜?"를 장려하지 않는다. 학교에서는 '올바른' 답을 가르치고, 머릿속에 쑤셔 넣는다. 나아가 답변하는 방법까지 옳아야 좋게 평가한다. 그래서 "왜?"는 실종되고 만다. 아인슈타인은 "학교 교육을 받고도 호기심이 사그라지지 않는다면 기적이다."라며 학교 교육을 비판했다. 그럼에도 아직도 학교 교육의 원형은 달라지지 않고 있다. 사실 나라마다 차이가 있지만 아직도 수많은 나라에서 이런 비판이 제기되고 있는 현실이다.

현재 학교 교육의 원형은 기계도 없고, 컴퓨터도 없고, 인터넷도 없던 시대의 산물이다. 당시는 정답을 올바르게 기억하고, 교사의 말 한마디 한마디를 따라 행동하고, 일을 잘 해낼 수 있는 사람이 필요했다. 현대 사회에서 그것은 기계와 컴퓨터가 할 일이다. 인간을 기계나 컴퓨터처럼 대량 생산할 필요는 전혀 없어졌는데도 교육 방법은 달라지지 않고 있다.

일본에서는 엄격한 입시를 전제로 학교 교육이 이루어지므로 중학교와 고등학교는 입시 공부의 장이 되어 버렸다. 학교 바깥에서는 학원들이 하나의 커다란 산업을 이루고, 학교 교사가 학생에게 학원에 다니도록 권하는 것이 현실이다.

학교 시험과 입학시험은 얼마나 많은 것을 기억하는지, 똑같은 문제를 얼마나 많이 풀고 풀이 방법을 얼마나 잘 기억하는지에 따라 성공과 실패가 갈

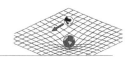

린다. 그러나 현대는 인터넷에 모든 해답이 있으므로 언제 어디서나 검색할 수 있다.

아인슈타인은 "찾아보면 나오는 것은 기억할 필요가 없다."라고 말했다. 하지만 아직도 학교는 계속해서 아이들을 시험 로봇으로 키워내고 있다.

'올바른' 답을 가르치는 것 이상으로 대답 없는 세상에 "왜?"라는 의문을 품는 일, 적절한 시점에서 그 "왜?"에 문제를 제기할 줄 아는 일, 나아가 그 문제의 해결을 위해 사고하고 행동할 줄 아는 일이 중요하다.

학교는 대화를 통해 답을 모색하는 장이다. 자신과 다른 대상에 도전하는 장이자, 미지를 탐구하는 장이어야 한다. 아이들의 호기심을 유지하고 키워나가는 장이자, 상상력을 길러내고 창조로 연결하는 장이어야 한다. 나는 입시 제도가 학교 교육의 폐해이며 체제에 맞는 일부 아이들을 제외한 대부분 아이가 가진 '천부적 재능'을 억압한다고 생각한다.

"상상은 지식보다 중요하다. 지식은 우리가 이미 알고 있는 것이며 한정되어 있다. 그러나 상상은 앞으로 알게 될 수 있고 이해할 수 있는 것을 포함한 세계 전체로 우리를 이끈다."
-아인슈타인

COSMOS THINKING

블랙홀은 무섭지 않다

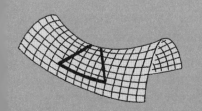

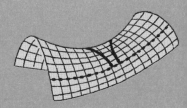

4장

01

———— ✦ ————

Q

블랙홀에 빨려 들어갈까 봐 무서워요. 살려 주세요.

A

블랙홀은 아무것도 빨아들이지 않습니다.
블랙홀이 있는 사건의 지평선에 가까이 다가가지 않으면 됩니다.

Message

사람은 보이지 않는 것, 이해할 수 없는 것을 두려워합니다. 직접 보고 노력해서 이해하게 되면 자신과 다른 사람이 생각해 본 적 없는 개념도 두렵지 않게 됩니다.

블랙홀은 빨아들이지 않는다

블랙홀은 아무것도 빨아들이지 않는다. 태양이 블랙홀이 될 일은 절대로 없지만, 태양이 블랙홀이 된다는 사고실험을 해 보자. 그리고 블랙홀이 된 태양과 항성인 현재의 태양을 비교해 보자.

우선 태양이 블랙홀이 되어도 태양계 모든 행성의 궤도는 단 1㎜도 달라지지 않는다.[1] 태양계 천체의 입장에서 태양과 태양 블랙홀의 유일한 차이는 태양은 크고 태양의 블랙홀은 아주 작다는 점뿐이다. 태양과 태양 블랙홀의 질량은 똑같으므로 태양계 천체에 작용하는 중력은 전혀 달라지지 않는다. 태양이 블랙홀이 됨으로써 태양광이 없어지는 일이 더 긴급사태인데[2] 여기서 이 문제는 무시하겠다.

빨아들이는 것은 오히려 태양이다

블랙홀보다 태양이 오히려 사물을 더 빨아들인다. 태양의 반경은 약 70만㎞이고 대기는 5,800K의 플라스마다. NASA가 2018년 발사한 파커 태양 탐사선은 2025년까지 태양 중심에서 태양 반경의 9배 정도의 거리, 약 600만㎞까지 접근해 태양을 관찰할 예정인데[3] 현재의 기술로는 이것이 한계다. 그보다 더 태양 표면에 가까이 가면 운석이든 혜성이든 탐사선이든 플라스마에 파괴된다. 그리고 표면에 더 가까이 가면 태양의 일부가 된다. 바꾸어 말하면 태양에 빨려 들어 잡아먹히는 것이다.

블랙홀에는 가까이 갈 수 있다

한편 태양의 블랙홀 반경은 태양 반경의 0.0004%, 겨우 3㎞다. 태양의 플라스마가 없어지고 태양이 발하는 방사선과 우주선cosmic ray도 없어진다. 그로 인해 우리 인간도 산소와 우주복만 있으면 중심에서 7천㎞(태양 반경의 1%)까지 다가갈 수 있다.

태양의 블랙홀은 아무리 가까이 가도 모든 질량이 항상 눈앞에 있으므로 다가가면 다가갈수록 중력이 커지지만[4] 전혀 문제가 없다. 중력에 저항하지 않고 자유낙하 하면 그만이다. 그렇게 하면 달이 지구 주위에서 안정된 궤도를 돌듯 태양의 블랙홀 주위에서 안정된 궤도를 그리며 돌 수 있다. 절대 빨려 들어갈 일이 없다.

중심에 더 가까이 가도 빨려 들어가지는 않는다. 다만 블랙홀 주위에서 궤도를 유지하며 신중히 접근해야 한다. 중심에 다가갈수록 시공의 뒤틀림이 점점 커지므로 중력도 급격히 증가한다. 그러면 우리 몸에서 블랙홀에 가장 가까운 부위(이를테면 발)가 있는 곳의 중력과 가장 멀리 있는 부위(이를테면 머리)가 있는 곳의 중력 사이에 커다란 차이가 생긴다. 몸이 당겨지는 느낌이 날 것이다.

사실 우리가 서 있을 때도 발이 있는 곳과 머리가 있는 곳의 중력은 서로 다르다. 하지만 그 중력 차이(조석력)[5]는 매우 작아 우리가 느끼는 일은 없다. 그러나 블랙홀에 다가갈 때는 그 중력 차이가 점점 커진다. 중력으로 인해 몸이 점점 당겨져 늘어난다[그림 32].

태양의 블랙홀 약 1,800㎞(태양 반경의 0.3%)까지 다가가면 중력 차

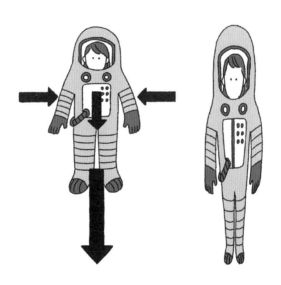

[그림 32]

171

이 때문에 우리 몸의 혈액이 순환하지 않고 산소 결핍으로 죽게 된다. 그보다도 더 가까이 가면 어떻게 될까?

약 1,200㎞(태양 반경의 0.2%)까지 다가가면 중력 차이로 몸이 두 조각으로 찢긴다. 태양의 블랙홀 입구인 3㎞ 지점에 도달하기 전에 죽고 마는 것이다. 그래도 빨려 들어가지는 않는다 (안정된 궤도에서 자유 낙하를 한다고 가정할 경우).

블랙홀에는 빛조차도 탈출할 수 없는 사건의 지평선event horizon이 있다. 이것은 3㎞ 크기(반지름)로 태양의 블랙홀 입구다. 어느 블랙홀 주위든 그 사건의 지평선 몇 배의 거리까지는 안정된 궤도를 그리며 접근할 수 있다. 그러므로 블랙홀에 그보다 더 가까이 다가가지만 않으면 결코 빨려 들어가는 일은 없다.[6] 다만 목숨은 보장할 수 없다.

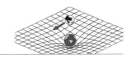

블랙홀의 모습은 잘 보이지 않고 우리 상식으로는 그 성질을 모두 이해할 수 없다. 그 정체를 모르기 때문에 사람들은 블랙홀을 두려워한다. 사실은 태양이 블랙홀보다 더 사물을 빨아들이고 현실적 위험(우주선, 방사선 등)을 끼칠 가능성이 크다. 그러나 태양은 인간의 눈에 보이므로 태양을 블랙홀처럼 두려워하지 않는다. 다시 말해 블랙홀은 '사물을 빨아들이기 때문에 두려운' 것이 아니라 '잘 모르기 때문에 두려운' 것이다.

깊은 숲, 심해, 외국인, 남들과 다른 사고방식을 가진 사람, 남들과 다르게 행동하는 사람, 다른 외모로 태어난 사람을 두려워하는 이유는 본 적이 없고 잘 알지 못하기 때문이다. 뇌의 착각이 거부 반응을 일으키는 것이다.

그럴 때는 한 번 뇌의 지시를 따르지 않고 반대로 해 보면 어떨까? 착각 때문에 두려운 것이므로 가까이 다가가 알려고 노력해 보면 어떨까?

다만 그런 것들이 착각이 아니라 정말로 위험할 수 있으므로 신중하게 접근하는 것이 좋다. 그렇게 하면 두려워하던 대상이 정말로 두려워할 만한 것인지 아닌지 정확히 판단할 수 있다.

02

블랙홀이란 무엇인가요?

A

블랙홀은 외부로부터 닫혀 있는 시공의 검은색 구멍입니다.
그 입구가 사건의 지평선이고 그곳을 넘으면 시공이 빛의 속도를 초과해
흐르기 시작합니다. 시간은 공간적이 되고, 공간은 시간적이 됩니다.

Message

각 개인의 시점은 한정되어 있지만 다양한 사람이 모이면 시점이 늘어납
니다. 그리고 차이, 미지, 다양함과의 대화가 새로운 시점, 다각적인 시점
을 낳아 창조로 이어집니다.

초거대 블랙홀로 떠나는 여행

블랙홀을 알고 싶다면 블랙홀 속 여행이 가장 좋은 방법이지만 살아서 돌아올 수는 없다. 용감하게 태양 블랙홀로 향해 가까이 다가가도 블랙홀 입구인 사건의 지평선에 도달하기 전에 죽고 만다. 그러나 살아서 블랙홀 안에 들어가는 방법이 있다. 바로 초거대 블랙홀을 선택하는 것이다.

블랙홀은 크면 클수록 시공의 뒤틀림이 완만하다. 인간이 서 있을 때 지구의 뒤틀림, 다시 말해 둥근 표면을 느끼지 못하는 것과 마찬가지다. 우리 몸과 비교해 지구가 엄청나게 크기 때문이다. 반면 우리가 농구공 위에 서려고 하면 농구공의 뒤틀림(둥근 표면)으로 서 있지 못하고 넘어진다.

같은 원리로 작은 블랙홀 사건의 지평선 주변은 시공의 뒤틀림이 급격하다. 사람은 그 뒤틀림(중력 차이)으로 몸이 찢기고 만다. 그러므로 블랙홀 안을 탐험하기 위해서는 입구가 완만하고 안전한 거대 블랙홀을 골라야 한다.

현재 관측된 가장 큰 블랙홀 TON618의 질량은 태양의 660억 배다. 이 초거대 블랙홀을 목적지로 삼아 보자. 회전도 없고 전하도 없는 단순한 슈바르츠실트[7] 블랙홀이며, 주변에 다른 천체 등이 없고 단독으로 존재하는 블랙홀이다. 이 정도로 크면 10일 정도 블랙홀 내부를 탐험할 수 있다.

"블랙홀을 여행해 보고 싶은 사람?"

그러자 호기심 많은 앨리스[8]가 손을 들었다.

사건의 지평선

블랙홀의 입구는 사건의 지평선이다. 사건의 지평선을 넘으면 빛조차도 되돌아 나올 수 없다. 이 초거대 블랙홀 사건의 지평선은 크기(반지름)가 약 2천억 km다. 태양에서 지구까지 거리의 1천 배 이상, 태양에서 가장 먼 해왕성까지 거리의 40배 이상이다. 사건의 지평선은 블랙홀의 질량에 비례해 커진다.

블랙홀 속으로 여행을 떠난 앨리스와 멀리서 관찰하는 밥

앨리스는 블랙홀 사건의 지평선을 넘어가면 두 번 다시 돌아올 수 없다는 사실을 잘 이해하고 있다. 그래서 친구 밥에게 모든 과정을 관측해 달라고 부탁해 블랙홀에 대한 귀중한 정보를 후세에 남기기로 했다. 앨리스와 밥은 각자의 조명으로 자기 자신을 비추며 다파장 망원경으로 서로를 관찰할 것이다.

앨리스는 고에너지 복사에서 몸을 지킬 최강의 우주복을 입고, 무제한으로 공급되는 산소와 영양 탱크, 그리고 제트 엔진을 짊어진 채 블랙홀을 향해 똑바로 자유낙하한다. 인류 사상 최초의 대모험이 시작되었다.

블랙홀은 아무것도 없는 시공의 폭포

앨리스가 가장 먼저 알아차리는 점은 블랙홀 주위에 아무것도 없다는 사실이다. 언제 자신이 사건의 지평선을 넘어왔는지도 알지 못한다. 사건의 지평선 안팎에 아무것도 없고 블랙홀은 그저 시공이기 때문이다.

블랙홀은 흐르는 시공의 폭포다. 사건의 지평선을 넘으면 폭포가 광속을 넘는 속도로 흘러간다. 그러나 광속을 넘는 속도로 시공 속을 움직이는 일은 불가능하다. 이를테면 폭포가 흐르는 속도보다 빠르게 헤엄치지 못하면 물고기는 폭포에 휩쓸려 간다. 마찬가지로 사건의 지평선을 넘으면 모든 것, 빛조차도 휩쓸려 간다. 광속보다 빠른 흐름과 반대 방향으로 움직이는 일은 불가능하다.

블랙홀에는 아무것도 없지만 원래는 질량을 가진 '물체'가 블랙홀을 만들었을 것이므로 그 '빛'의 질량은 블랙홀 시공의 뒤틀림에 각인되어 있다. 그러나 그 '물체'는 어디로 간 것인지 알 수 없다. 앨리스가 사건의 지평선 안으로 들어간 후 앨리스의 질량도 그 블랙홀 시공의 뒤틀림에 각인된다. 그리고 앨리스도 어디로 간 것인지 알 수 없게 된다.

밥이 볼 때 앨리스는 블랙홀에 들어가지 못한다

앨리스는 확실하게 사건의 지평선을 넘었다. 그러나 밥에게는 그렇게 보이지 않는다. 밥은 "앨리스는 사건의 지평선 바로 앞에서 죽었다."라고 결론 내리게 된다. 밥이 관찰한 내용은 다음과 같다.

앨리스는 사건의 지평선에 가까이 갈수록 움직임이 느려진다. 동시에 앨리스의 몸에서 반사되는 빛이 점점 붉어진다. 파장이 늘어나 적외선이 되고 전파가 되어 점점 보이지 않게 된다. 앨리스의 심장마저 느려져 점점 멈추는 것처럼 보인다. 다시 말해 밥이 보기에 앨리스의 시간은 사건의 지평선 바로 앞에서 멈추고 마는 것이다.

지구와 GPS 위성의 시간이 다르다는 이야기를 다시 떠올려 보자. 시공의 뒤틀림(중력)이 큰 곳의 시간은 시공의 뒤틀림이 작은 곳의 시간보다 천천히 흐른다. 그러므로 시공이 궁극적으로 뒤틀린 시공의 구멍 입구는 밖에서 볼 때 시간이 멈춰 있는 것이다. 시간은 개인적이자 상대적이기 때문이다. 또 이 시간의 차이로 인해 중력이 큰 곳에서 중력이 작은 곳으로 향하는 빛의 파장도 늘어난다(중력 적색 편이9)). 따라서 시간의 흐름이 느려짐과 동시에 앨리스의 모습은 보이지 않게 된다.

앨리스는 블랙홀 내부를 알 수 있지만 밥은 알 수 없다. 밥은 앨리스가 블랙홀 안에 들어갔다는 사실마저 알지 못한다. 시공의 뒤틀림으로 바깥에서는 사건의 지평선 내부의 세계와 접촉할 수 없다. 이것이 바로 블랙홀이다.

블랙홀 안에서는 앨리스의 미래와 과거가 기운다

블랙홀 안에서 앨리스의 미래와 과거의 방향이 시공의 뒤틀림과 함께 기울어 블랙홀 공간의 방향이 된다[그림 33].

바깥에 있는 밥에게 사건의 지평선은 가고 싶으면 갈 수 있는 곳이며 피할 수도 있는 곳이다. 그러나 안에 있는 앨리스에게 사건의 지평선은 과거 방향에 있다. 우리가 과거로 갈 수 없듯 앨리스도 과거로 갈 수 없으므로 사건의 지평선을 넘어가면 돌아올 수 없다.

한편 밖에 있는 밥에게 블랙홀의 중심은 모든 '물체'가 한없이 작은 공간에 존재하는 밀도가 무한한 3차원 공간의 '특이점'으로 보인다. 그래서 밥은 '특이점'을 피할 수 있다.

그러나 안에 있는 앨리스에게 '특이점'은 미래의 방향에 있다. 앨리스는 앨리스의 시계에서 1초 1초가 지날 때마다 '특이점'10)을 향

179

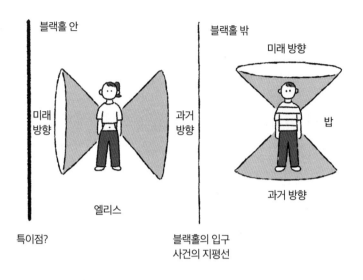

블랙홀 안

블랙홀 밖

미래 방향

미래
방향

과거
방향

밥

엘리스

특이점?

블랙홀의 입구
사건의 지평선

[그림 33]

해 나아간다. 저항하기 위해 움직이면 움직일수록 특이점에 빨리 도
달하게 되므로 저항하지 않고 그저 시공의 폭포에 휩쓸려 가는 것이
최선이다.

앨리스는 '특이점'을 향해 흘러가는 동안, 시공의 뒤틀림 때문에
변형되기는 해도 과거(사건의 지평선)에서 오는 밥의 빛과 은하의 빛
을 볼 수 있다. 그러나 미래(특이점)에서는 빛이 오지 않는다. 블랙홀
안은 완전히 깜깜해서 아무것도 볼 수 없다. 그래서 유감스럽게도
목숨을 걸고 블랙홀에 뛰어든 앨리스조차 블랙홀의 비밀인 '특이점'
을 알아낼 수 없다.

어쩌면 '특이점'이 아니라 유한한 공간에 '물체', 즉 에너지가 있을지 모른다. 어쩌면 다른 우주로 연결되어 있을지도 모르고 새로운 우주가 탄생하는 빅뱅일지도 모른다. 그러나 현시점에서는 해답을 알 수 없다.

블랙홀 안에서는 '스파게티'가 되어 죽는다

앨리스는 블랙홀의 '특이점'에 도달하기 약 0.1초 전에 마치 스파게티 가닥처럼 길게 늘어나 죽는다. 작은 블랙홀은 시공의 뒤틀림이 급격하므로 사람은 사건의 지평선에 도달하기 전에 중력의 커다란 차이(조석력) 때문에 몸이 찢기고 만다.

한편 초거대 블랙홀 주변의 시공은 뒤틀림이 완만하므로 앨리스는 사건의 지평선을 넘은 후로 약 10일간 그 속을 유영할 수 있다. 그러나 시공의 뒤틀림의 급증을 피할 수는 없다. 이것은 앨리스의 미래이기 때문에 피하는 일은 절대 불가능하다. 그래서 앨리스의 몸이 느끼는 중력의 차이는 점점 심해진다[그림 32].

사건의 지평선에 돌입한 후 약 10일이 지나면 앨리스의 몸이 조금씩 당겨지기 시작하다 순간 몸이 둘로 찢긴다. 거의 동시에 몸이 부위별로 산산조각이 나고, 분자와 원자도 조각나 앨리스는 입자 스파게티가 되고 만다.

정말 처참한 죽음이다. 몸의 변화를 느낄 시간도 주어지지 않고 순식간에 스파게티가 되고 마는 것이다. 고통은 전혀 없다. 그래서 어쩌면 블랙홀에 뛰어드는 일은 최고의 안락사 수단인지도 모른다.

블랙홀의 해석도 시점에 의존하는가?

밥은 앨리스가 블랙홀 안에서 본 광경과 처참한 죽음에 대해 아무 것도 알 수 없다. 밥이 본 앨리스는 사건의 지평선 바로 앞에서 죽었기 때문이다. 한편 앨리스가 본 앨리스 자신은 멀쩡히 사건의 지평선을 넘었다. 그러나 되돌아갈 수 없어 블랙홀 일부가 되어 죽었다. 똑같은 블랙홀이라도 밖에서 보느냐 안에서 보느냐 하는 시점에 따라 알 수 있는 내용에 한계가 있다.[11]

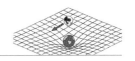

블랙홀도 양자의 세계처럼 '하나의 시점에서 볼 수 있는 것은 현실의 한 측면일 뿐 현실 전체를 볼 수는 없음'을 암시한다. 현실을 더 정확히 '보기' 위해서는 다각적인 시점이 필요하다. 코스모스 씽킹은 다각적 시점에서 느끼고 생각하는 일이다.

다양성이 있는 집단은 다양한 시점, 다각적인 시점을 가지고 있다. 각 개인의 시점은 제한되어 있지만 여러 사람이 모이면 집단으로서의 시점이 늘어나기 때문이다. 다시 말해 한 사람이 할 수 있는 일은 한정되어 있지만 집단이라면 함께 해석하고, 해결하고, 규명할 가능성이 넓어진다.

다양성이란 집단을 이루는 개개인 간의 차이다. 세대의 차이일 수도 있고, 경제적 배경이나 교육 배경의 차이일 수도 있고, 성별, 문화, 국적의 차이일 수도 있다. 집단에 속한 사람들의 차이가 풍부하면 풍부할수록 개개인이 현실을 바라보는 시점이 다양해지므로 집단의 문제 해결 능력과 창의력이 높아진다. 그렇기에 사회, 회사, 집단에는 다양성이 필요하다. 새로운 것과 새로운 생각을 낳는 창조의 원동력이 다각적 시점과 다양성이다. 개인의 창의력을 발휘할 때도 환경 및 주변 사람들의 다양성이 개인의 시점을 늘리고 풍부하게 만들어 창조의 원동력이 된다.

사람은 자신과 비슷한 집단에 속하는 것을 선호하는 경향이 있다. 뇌의 지시를 따르기만 하면 충돌이나 모순, 의심이 생겨나지 않아 편하기 때문이다. 그러나 충돌, 모순, 의심이 없으면 새로움도 없고 창조도 없다. 한편 다름이나 미지와 교류와 대화는 뇌를 활성화해 더 풍요롭게 만들어 준다.

코스모스 씽킹을 생활 속에서 활용하자. 그리고 자신의 색깔대로 빛날 수 있는 코스모스 씽킹을 넓혀 나가자.

03

Q

블랙홀에 들어간 물체는 어디에 있나요?

A

블랙홀에 들어간 정보는 모두 사건의 지평선 표면에 있는 듯합니다.
그러나 블랙홀이 천천히 증발하므로 그 정보도 블랙홀과 함께 사라질
우려가 있습니다. 정보가 사라지면 곤란합니다.

Message

정보가 보존되는 한 과거는 없앨 수 없고 사라지지 않습니다. 과거의 기
쁨과 슬픔, 성공과 실패, 세상을 떠난 사랑하는 가족과 친구의 증거는 모
두 우주 어딘가에 남아 있습니다.

블랙홀은 매끈매끈하다?

블랙홀에 판다를 넣으면 어떻게 될까? 블랙홀은 판다만큼 무거워질 것이다. 그러면 똑같은 블랙홀에 판다와 비슷한 무게의 돌고래를 넣으면 어떻게 될까? 두 블랙홀은 전혀 구분할 수 없을 것이다.

아인슈타인의 일반상대성이론에 따르면 블랙홀에 무엇을 넣든 블랙홀은 매끈매끈한 시공이 될 뿐이다. 블랙홀은 질량, 회전, 전하라는 3가지 특징으로 완전히 묘사될 수 있다. 단순하고, 매끈매끈하고 질서정연한 블랙홀의 엔트로피는 0이다.

블랙홀에 숨은 정보, 엔트로피

물체의 엔트로피란 똑같은 거시적 상태를 만들어 내는 미시적 조합의 개수를 나타내는 개념이다. 미시적 상태는 숨어 있어서 우리가 알 수 없다. 그래서 엔트로피를 우리가 가진 무지의 정도라고 말하거나 숨은 정보라고 말하기도 한다.

블랙홀이 매끈매끈해서 엔트로피가 0이라면 블랙홀을 만든 물체가 가지고 있던 엔트로피(미시적 정보)는 이 우주에서 사라진다. 그렇게 되면 우주 전체의 엔트로피는 저절로 줄어든다. 엔트로피는 반드시 증가한다는 물리 법칙에 어긋나는 것이다. 그래서 야코브 베켄슈타인은 블랙홀 엔트로피의 계산에 도전했다. 베켄슈타인의 질문은 단순했다.

"블랙홀에 정보가 단 하나 있는 광자를 넣으면 그 정보는 어떻게 될까?"

이 실험을 위해 사건의 지평선과 파장이 일치하는 광자를 골라, 그 광자가 정확히 어디로 들어왔는지 알지 못하도록(불확정성 원리) 위치 정보를 제거한다. 그렇게 하면 그 광자는 단 하나의 정보, 즉 하나의 파장(에너지양)만 가지게 된다.

그 광자를 블랙홀에 넣으면 $E=mc^2$이므로 블랙홀의 질량이 조금 증가한다. 동시에 블랙홀이 조금 커진다. 게다가 사건의 지평선을 반경으로 삼는 구의 표면적이 공간을 나타내는 최소 면적만큼 증가한다. 이 최소 면적을 플랑크 면적이라고 하며 공간의 최소 단위인 플랑크 길이[12]를 변으로 삼는 정사각형이다. 블랙홀에 들어간 광자가 가진 하나의 정보가 1플랑크 면적에 해당한다.

블랙홀에 정보를 하나씩 넣다 보면 블랙홀의 표면적은 1플랑크

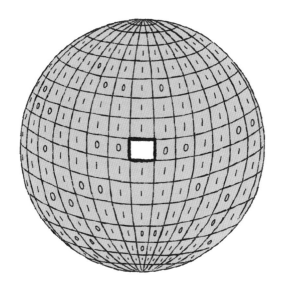

[그림 34]

면적씩 증가한다[그림 34]. 그러므로 블랙홀에 들어간 물체의 정보량
은 블랙홀의 부피가 아니라 표면적과 비례한다.

엔트로피는 우리에게서 숨겨진 정보이므로, 블랙홀 입구에 있는
사건의 지평선 표면적을 플랑크 면적으로 나눈 수가 엔트로피이다
(엄밀히는 그 수를 다시 4로 나눈 것).

예를 들어 우리은하 중심에 있는 초거대 블랙홀의 엔트로피는
10^{90}이다. 관찰 가능한 우주에 있는 모든 입자의 수보다 큰 수다. 겉
모습은 매끈매끈하고 질서정연해 보이지만 블랙홀은 우주에 존재
하는 그 무엇보다도 무질서하고 방대한 정보가 들어차 있다.

정보가 표면에 있다면 블랙홀과 우주는 홀로그램?

블랙홀 안의 정보가 내부의 공간이 아니라 입구 표면에 숨겨져 있다면, 이번에는 우리 방의 정보(방을 이루는 모든 분자의 위치와 속도 등)가 어디에 있는지 생각해 보자. 방은 어떤 형태라도 상관없지만, 이 사고실험의 결과를 이해하기 쉽도록 방이 구형이라고 가정한다.

이 방에 공기 분자처럼 넣을 수 있는 것을 전부 넣는다. 분자와 원자는 속이 거의 텅 빈 공간이므로 가능한 한 작게 분해해 소립자(쿼크, 전자, 광자)를 채워 넣는다. 채울 수 있는 만큼 꽉꽉 채워 넣고 나면 베켄슈타인처럼 정보를 하나씩 넣는다[그림 35].

[그림 35]

그렇게 하면 이 방은 가질 수 있는 질량의 한계로 중력 붕괴를 일으켜 블랙홀이 된다. 그 이후 이 방에는 더 이상 아무것도 넣을 수 없게 된다. 정보의 한계에 달했기 때문이다. 정보를 하나 더 넣기 위해서는 방이라는 블랙홀이 그 정보만큼 커져야만 한다. 베켄슈타인의 말처럼 정보 하나를 넣으면 표면적이 플랑크 면적만큼 증가할 것이다.

방이 블랙홀이 될 때까지 물체를 채워 넣는 사고실험으로 한정된 3차원 공간이 허용할 수 있는 정보량은 2차원 표면적에 따라 제한된다는 사실을 알 수 있다. 하나의 공간을 나타내는 정보량은 한 차원 낮은 표면의 크기에 따라 제한되는 것이다.

이 제한은 블랙홀이라는 중력의 한계에 달함으로써 분명해진다. 중력이 있는 상태에서 블랙홀을 만들고자 하면 이론적으로는 가능하다. 우리의 방은 중력이 없고 양자 정보로 이루어진 방의 경계, 차원이 하나 낮은 세계와 완전히 똑같은 세계라는 발상이다. 이것이 홀로그램 원리다(AdS/CFT 대응이라고도 한다). 홀로그램 원리에 따르면 우리는 3차원 공간에 존재한다고 생각하든, 2차원 정보의 투영, 즉 홀로그램이라고 생각하든 모두 옳다.

블랙홀은 빛난다

스티븐 호킹은 "블랙홀은 그다지 검지 않다."라고 말했다. 블랙홀에서는 빛조차도 되돌아 나올 수 없지만 사실 블랙홀에는 온도가 있어 별이나 인체처럼 열복사가 있다는 것이다. 이것이 호킹 복사다.

호킹 복사는 온도가 있는 모든 존재에서 발생하는 열복사다. 별이나 인체에서 이루어지는 열복사는 별이나 인체를 이루는 원자와 분자의 움직임에서 비롯된다. 그런데 블랙홀에는 원자나 분자도 없고 광자나 전자 등 소립자도 없다. 블랙홀은 그저 뒤틀린 시공이다. 그러나 블랙홀에는 엔트로피가 있다. 온도는 엔트로피가 증가할 때의 에너지 변화를 나타내는 양이다. 그러므로 블랙홀에도 온도가 있다. 온도가 있으므로 열복사가 있다. 이것이 호킹 복사다.

호킹 복사는 사건의 지평선 경계의 뒤틀린 시공에서 발생한다. 시공에서 모든 입자를 제거하고 진공 상태로 만들어도 그 입자(소립자)의 무대인 양자장[13], 광자의 무대와 전자의 무대가 남는다. 그 무대의 에너지는 양자 규모이며 양자의 불확정성 때문에 떨린다. 입자의 위치를 알면 그 입자가 어떻게 움직이는지 알 수 없다. 입자의 움직임을 알면 그 입자가 어느 위치에 있는지 알 수 없다. 마찬가지로 시간을 정확히 알면 그 시간 내의 에너지를 알 수 없고, 에너지를 정확히 알면 그 에너지가 존재하는 시간대를 알 수 없으므로 무대의 에너지는 항상 떨리고 있다.

그 에너지의 떨림은 입자의 쌍으로 나타나 시간 내에 소멸해 무대로 돌아간다. 그 아무것도 없는 무대의 에너지 떨림이 영점 에너지

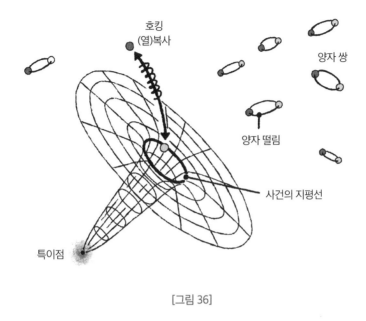

호킹
(열)복사

양자 쌍

양자 떨림

사건의 지평선

특이점

[그림 36]

이자 진공 에너지다.

그러나 이 무대의 떨림(양자의 세계)의 균형은 시공(중력의 세계)의 구멍, 즉 블랙홀 때문에 무너진다. 시공의 구멍 때문에 떨림의 쌍 중 하나는 사건의 지평선 안으로 끌려가고 다른 하나는 사건의 지평선 밖으로 끌려가 무대로 돌아오지 못하는 것이다. 둘 중 양의 에너지를 가지고 우주의 저편까지 도망치는 쪽이 호킹 복사다[그림 36].

블랙홀은 증발한다

진공에서 떨리는 양자 쌍 중 다른 한쪽은 마이너스 에너지를 가지고 사건의 지평선 안으로 떨어진다. 마이너스 에너지를 가지고 있으므로 블랙홀의 에너지, 즉 질량은 줄어든다($E=mc^2$이므로 에너지(E)가 줄어들면 질량(m)도 줄어든다). 그로 인해 블랙홀은 열복사와 함께 점점 증발한다. 블랙홀이 소멸하는 것이다.

게다가 이 호킹 복사 양자 쌍은 사건의 지평선 바깥의 시공에서 생겨났으므로, 사건의 지평선 안에 들어간 것의 정보는 전혀 알 수 없다. 그래서 블랙홀이 증발하면 숨은 정보(엔트로피)도 전부 우주에서 사라진다고 호킹은 말했다.[14]

블랙홀의 온도

블랙홀이 크면 클수록 온도가 낮다. 항성 블랙홀의 온도는 약 1억분의 1K(섭씨 0도는 273K)이지만 우리은하 중심에 있는 초거대 블랙홀 궁수자리 A*(에이스타)의 온도는 더 낮아 0.000000000000015K다. 블랙홀은 크면 클수록 열복사량(호킹 복사)도 적다.

호킹 복사는 관측할 수 없다

블랙홀의 온도는 우주의 배경 온도인 2.7K와 비교할 수 없을 만큼 낮아 호킹 복사를 관측할 수는 없다. 가장 온도가 높은 항성 블랙홀마저 4개월간 관측해도 우주의 배경 온도로 인한 열복사의 광자 1개 분량에 해당하는 에너지만을 복사하기 때문이다. 그런데 이 우주의 열복사 광자는 우리 주위에 셀 수 없을 만큼 많다.

블랙홀이 증발해서 정보가 사라진다?

블랙홀은 증발과 함께 점점 작아지고 온도가 점점 높아져 결국 증발한다. 여기에는 영원처럼 오랜 시간이 걸린다. 항성 블랙홀의 경우 10^{68}년 이상, 궁수자리 A*는 10^{87}년이 걸린다.

블랙홀이 증발하기 직전 플랑크 크기까지 작아지면, 마지막 0.1초 동안 지상 최대의 수소 폭탄 차르 봄바 50만 개에 해당하는 에너지를 방출하며 폭발적으로 증발한다는 것이 호킹의 예상이다. 블랙홀이 증발하면 사건의 지평선 안에 숨어 있던 정보도 사라진다.

블랙홀 정보 역설

블랙홀을 만들어 낸 모든 '물체'의 정보가 우주에서 사라진다는 것은 어떤 뜻일까?

인류가 발견한 물리 법칙의 묘미는 지금의 정보로 미래를 예측하고 과거를 재구축할 수 있다는 것이다. 우리가 방 안에 있는 공기 분자의 위치와 움직임을 알 수 없어도(무지=엔트로피) 이론상 모든 분자의 정보는 그곳에 있다. 이론상 현재의 정보를 이용해 모든 분자의 시간을 되돌려 과거를 알고, 또 시간을 빨리 감아 미래를 알 수 있다.

단순히 우리가 정보에 무지해진다는(어디에 있는지 모른다는) 의미가 아니라, 실제로 정보가 우주에서 사라지는 일이 가능하다면 이 우주와 자연계는 우리에게 이해할 수 없는 세계가 된다. 이는 반갑지 않은 일이다.

정보가 보존된다는 것은 양자의 세계에서 어긋나면 안 되는 기본 원칙이다. 그런데 블랙홀이 증발하면 블랙홀에 들어간 정보는 보존되지 않는다. 이것이 블랙홀의 정보 역설이다. 이 블랙홀의 정보 역설에 관한 해결책이 몇 가지 제시되었지만[15] 아직 확실히 해결되지는 않았다.

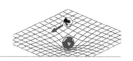

지금 읽고 있는 책에 불을 붙여 전부 재가 될 때까지 태우면 어떻게 될까?

불태워 재로 만드는 과정을 마치 동영상처럼 되감으면 원래의 책으로 돌아간다. 글자 하나하나, 종이의 두께와 색 등 모든 정보는 이론적으로 재현할 수 있다. 다만 연소에 관여한 무수한 원자는 우리가 재현할 수 없다. 그 정보를 모르기 때문이다. 정보가 보존된다는 것은 그런 뜻이다.

손가락의 상처, 눈가의 주름, 지금의 발언과 행동에 이르기까지 모두 과거로 되돌릴 수 있다. 그것이야말로 수많은 입자 덩어리와 그 입자들이 전달하는 정보(위치와 에너지 등)에 귀속된다. 과거에서 지우고 싶을 만큼 창피한 실수를 저지른 적이 있는가? 유감스럽지만 수십 년이 지나 남들과 자신 모두가 그 실수를 완전히 잊어도 그 실수가 과거에서 지워지는 일은 없다. 정보가 보존된다는 것은 그런 뜻이다.

또 정보가 보존된다는 것은 사랑하는 어머니가 돌아가시고 재가 된 후에도 어머니의 삶 전체가 이 우주에 정보로 남아 있다는 뜻이다. 우리의 삶도 전부, 지금이나 죽은 후에나 우주에 남아 있다. 우리와 어머니 사이의 복잡한 정보가 우주 어딘가에 남아 언제까지나 연결되는 것이다.

이것이 사랑이다.

04

Q

아무것도, 빛조차도 되돌아 나올 수 없는 블랙홀은 어떻게 찾아낼 수 있나요?

A

블랙홀로 인한 중력 효과를 관찰함으로써 찾아낼 수 있습니다.
이를테면 주위의 별과 가스의 움직임, 빛의 왜곡,
시공의 늘어나고 줄어듦을 관찰합니다.

Message

상식과 과학적 지식은 많이 다릅니다.

블랙홀은 관찰할 수 있다

60년 전 블랙홀은 이론상의 천체였다. 카를 슈바르츠실트가 아인슈타인의 일반상대성이론으로 블랙홀의 해를 계산했을 때 아인슈타인조차도 블랙홀의 존재를 믿지 않았다. 그리고 블랙홀의 호킹 복사를 계산한 호킹마저도 1975년 시점에서는 블랙홀이 존재하지 않는다는 쪽으로 기울어 있었다.[16] 그러나 수많은 방법으로 블랙홀의 존재가 관측된 현재, 블랙홀의 존재를 의심하는 과학자는 없다.

블랙홀의 특징은 작다는 것이다. 반드시 우주 규모의 거대한 질량이 필요하지 않다. 쌀알이든 무엇이든 궁극적으로 작은 공간에 밀어 넣을 수만 있다면 블랙홀이 될 수 있다.

다만 우주의 다양한 힘을 이겨내고 물체를 작은 공간에 밀어 넣는 일은 쉽지 않다. 그러므로 별의 중심핵이나 초기 우주의 고밀도 상태에서 블랙홀이 생겨나기 쉽다. 그리고 실제로 그런 곳에서 블랙홀이 발견된다.

이제부터 관찰로 입증된 항성 블랙홀과 초거대 블랙홀, 그리고 최신 망원경을 이용해 찾을 수 있을 것으로 기대되는 중간질량 블랙홀, 마지막으로 이론적으로는 존재하지만 발견이 어렵고 현시점에서는 존재할 가능성도 크지 않은 원시 블랙홀과 인공 양자 블랙홀을 순서대로 설명하겠다.

항성 블랙홀

항성 블랙홀의 질량은 태양 질량의 3배 이상이다. 현재 관찰되는 가장 큰 블랙홀은 백조자리 X-1로 태양 질량의 21배다. 블랙홀의 합체로 생겨난 것까지 포함하면 태양 질량의 142배인 블랙홀도 있다.

▶어떻게 찾아낼까?

항성 블랙홀은 블랙홀이 뒤트는 시공에서 움직이는 별이나 가스의 운동을 관찰해 작은 공간에 태양의 3배 이상인 질량이 있다는 사실을 알아내면 '그곳에 블랙홀이 있다'라고 추측할 수 있다.

이를테면 블랙홀 후보로 거론된 최초의 천체는 엑스선 관측으로 발견된 백조자리 X-1이다. 이 관측으로 찾아낸 엑스선 복사는 백조자리 X-1의 중력(뒤틀린 시공)으로 모여든 주변 별과 바깥층 가스에서 나온다. 이 가스는 도넛 모양의 원반을 이루고, 마찰로 뜨거워져 엑스선을 방출한다. 이 원반의 엑스선 복사는 0.01초마다 변화한다는 사실이 관찰되었는데, 광속보다 빨리 변화할 수는 없으므로 그 복사의 원천 크기는 달 정도의 크기임을 알 수 있다.

그 원반에 가스를 공급하는 별을 찾아내 공전 운동을 관찰하니 그 궤도 내 중력원의 질량은 태양의 15배 이상이라는 사실이 밝혀졌다. 이것은 '보이지 않는' 암흑물질의 존재를 추측하는 방법과 같은 원리다.

달처럼 작은 공간에 태양의 15배를 넘는 질량이 존재하는 일은 항성이라면 불가능하다. 또 백색왜성이나 중성자성이라도 불가능하다. 그러므로 '블랙홀이 아닐까?'라고 추정하게 된다. 블랙홀을 간접적으로 찾아내는 방법이다.

게다가 최근에는 블랙홀과 블랙홀(또는 중성자성)이 합체할 때 흔들리는 시공의 잔물결을 관찰할 수 있게 됐다. 이것이 바로 아인슈타인이 예측한 중력의 파도인 중력파다. 중력파로 인한 직접적 관찰로 블랙홀의 존재는 확고해졌다.

▶어떻게 생겨날까?

질량이 태양의 수십 배 이상인 별이 초신성 폭발을 일으킨 후 남는 것이 항성 블랙홀이다. 초신성 폭발 후에 남는 것은 고질량성인 중심핵과 중성자의 양자 압력이 지탱하는 중성자성[17]이다. 그러나 그 중성자성의 질량이 태양 질량의 3배 이상이면 중성자의 양자 압력으로도 그 질량을 지탱할 수 없어 중력 붕괴가 일어나 블랙홀이 된다. 별의 중심핵(중성자성)은 어디로 갔는지 알 수 있는 방법이 없다. 그러나 질량은 시공에 각인되어 시공을 뒤튼다. 이렇게 뒤틀린 시공이 블랙홀이다.

초거대 블랙홀

초거대 블랙홀은 그 이름대로 아주 크다. 질량은 태양의 10만 배 이상이며 은하 중심부에 있다. 우리은하의 중심에는 태양 질량의 400만 배에 달하는 초거대 블랙홀, 궁수자리 A*(에이스타)가 있다. 거대 타원 은하 M87의 중심에 있는 초거대 블랙홀은 태양 질량의 65억만 배다.

▶어떻게 찾아낼까?

항성 블랙홀과 마찬가지로 주위의 가스와 별의 움직임을 관측해 존재를 추측한다. 예를 들어 우리은하 중심부 별들의 움직임과 가장 중심 가까이에 궤도가 있는 별 S0-2의 16년 주기 움직임과 궤도를 20년 이상 관찰함으로써, 태양계 정도 크기의 공간에 태양의 400만 배에 해당하는 질량이 숨어 있음을 밝혀 냈다.[18] 이것이 궁수자리 A* 초거대 블랙홀이다.

그리고 2022년 5월 12일에 발표된 바와 같이 궁수자리 A* 초거대 블랙홀의 사진도 촬영했다.[19] 물론 블랙홀 내부는 볼 수 없고(그렇기에 블랙홀이다) 온도가 100조분의 1K이므로 호킹 복사 사진도 블랙홀이 아니다. 블랙홀이 만드는 그림자를 촬영하는 것이다.

블랙홀 사건의 지평선 부근을 지나는 빛은 시공의 뒤틀림을 따라 사건의 지평선 안으로 떨어지고 만다. 사건의 지평선 크기의 몇 배만큼 떨어진 곳을 지나는 빛은 시공의 뒤틀림을 따라 블랙홀 주위를 빙글 돌아 여러 방향으로 확산한다. 이 흩어진 빛이 블랙홀의 그림자를 만들어 낸다.

관측 결과는 아인슈타인의 일반상대성이론으로 예측한 그림자의 크기와 일치한다. 말 그대로 블랙홀의 그림자다.

▶어떻게 생겨날까?

은하는 크면 클수록 중심부의 블랙홀 크기도 큰 경향이 있다. 따라서 은하가 다른 은하와 합체하는 과정에서 은하 중심에 있는 초거대 블랙홀끼리 성장해 나가는 건 아닌지 추측했다. 그러나 실제로 관측된 바는 없다. 차세대 우주 중력파 검출기로 관측할 수 있을지 모른다.

한편 우주 탄생 후 채 10억 년도 지나지 않았을 때 궁수자리 A*의 500배나 되는 질량을 가진 초거대 블랙홀이 존재했다는 사실이 관측을 통해 밝혀졌다. 우주의 현재 나이는 138억 년이므로 우주 역사의 10%도 지나지 않았던 시절이다. 별에서 생겨난 항성 블랙홀이 합체를 거듭해 초거대 블랙홀로 성장하는 데에는 상당한 시간이 걸린다.

블랙홀은 아무것도 빨아들이지 않는다. 그러므로 초거대 블랙홀의 씨앗이 된 상당히 커다란 블랙홀이 초기 우주에 이미 존재했으리라. 이것이 다음에 소개할 중간질량 블랙홀이다.

중간질량 블랙홀

우주 탄생 후 10억 년의 시점에 존재했던 초거대 블랙홀을 설명하기 위해 "항성 블랙홀이 아닌 상당히 큰 블랙홀이 초기 우주에 있었던 건 아닌가?"라는 가설을 세웠다.

중간질량 블랙홀의 질량은 태양의 100배에서 10만 배로 정의된다. 하지만 항성 블랙홀과 중간질량 블랙홀의 경계, 또 초거대 블랙홀과 중간질량 블랙홀의 경계는 명확하지 않다. 예를 들어 현재 관측으로 확인되는 태양 질량의 142배인 블랙홀은 두 항성 블랙홀이 합체해 생겨난 것이다. 큰 항성 블랙홀이라고도 할 수 있다. 마찬가지로 관측되는 태양 질량의 4만 배인 블랙홀은 왜소 은하 중심에 있기 때문에 작은 초거대 블랙홀이라고 할 수도 있다. 질량이 확실하게 중간인 블랙홀은 아직 발견되지 않았다.

▶어떻게 찾아낼까?

찾아내는 방법은 항성 블랙홀이나 초거대 블랙홀과 똑같다. 이를 분류해 찾아내려면 우주에 구조가 형성되던 시대를 관측할 고성능 망원경이 필요하다. 2021년 12월 발사된 제임스 웹 우주망원경, 2034년 발사 예정인 우주 중력파 망원경 LISA로 중간질량 블랙홀을 찾아낼 수 있을지 모른다(현재 후보가 몇 개 있다고 한다).

▶어떻게 생겨날까?

중간질량 블랙홀은 우주 최초의 별들(퍼스트 스타)의 초신성 폭발, 또는 초기 우주에서 가스 구름이 별을 만들지 않고 직접 붕괴한 결과, 혹은 치밀한 성단에서 생겨났을 것으로 추측된다.

원시 블랙홀

초기 우주에 생겨난 블랙홀을 원시 블랙홀[20]이라고 하지만 관찰된 바는 없다. 원시 블랙홀 중 운석 크기 이하는 호킹 복사로 우주 나이 138억 년 이내에 증발한 것으로 추측된다.

우주의 현재 나이는 138억 년이므로 운석 크기 이상의 원시 블랙홀만 관찰할 수 있다.

▶어떻게 찾아낼까?

원시 블랙홀이 다른 천체에 주는 영향, 또는 배경의 빛을 왜곡하는 중력렌즈 효과를 관찰하는 방법이 있지만 현시점에서 원시 블랙홀은 발견되지 않았다. 발견되지 않은 이유는 원시 블랙홀이 존재하지 않기 때문이 아니라 현재 기술로는 관찰할 수 없기 때문이다. 이 가능성을 고려하면 존재가 가능한 원시 블랙홀의 크기를 좁혀갈 수 있다. 이렇게 좁혀 보면 운석 크기(10^{16}-10^{17}그램), 달 크기(달의 질량의 100만분의 1배에서 1배), 그리고 별 크기 이상의 블랙홀(태양 질량의 10배에서 1,000배)이 존재할 가능성이 있다.

▶어떻게 생겨났을까?

우주 탄생 시 양자적 밀도의 변동으로 크고 작은 블랙홀이 형성되었다고 추정된다. 이 원시 블랙홀들이 암흑물질(암흑물질의 일부)일 가능성도 있고, 원시 블랙홀이 초거대 블랙홀의 한 종류(초거대 블랙홀의 일부)일 가능성도 있다.

인공양자 블랙홀

입자를 충돌시켜 고차원 중력을 빌림으로써 생겨날지 모르는 것이 인공양자 블랙홀이다. 그러나 현시점에서 그 존재는 확인되지 않았다.

▶어떻게 찾아낼까?

스위스와 프랑스 국경의 지하에는 입자를 광속에 근접할 때까지 가속해 충돌시키는 대형 강입자 충돌기LHC라는 둘레 27㎞의 실험 터널이 있다. 이 실험 터널의 목적은 소립자의 세계와 양자 중력의 세계를 연구하는 것이다. 전자 등의 소립자에 질량을 부여하는 힉스 입자도 LHC를 통해 발견되었다.

이 LHC로 두 양성자를 가속해 충돌시키면 고차원의 중력을 빌려 1조분의 1에 다시 1억분의 1을 곱한 그램 정도의 양자 블랙홀이 생겨날 가능성이 있다. 이 양자 블랙홀은 측정 불가능한 짧은 시간 안에 호킹 복사로 증발해 버리지만, 그때의 궤도를 관측함으로써 양자 블랙홀의 존재를 확인할 수 있다.

▶어떻게 생겨날까?

우리 눈에 보이지 않는 영역에 고차원 공간이 숨어 있다고 해 보자. 고차원의 중력은 작은 규모로 가면 갈수록 점점 커지므로 가속한 양성자끼리 충돌할 때 그 고차원의 중력이 작용해 인공적으로 블랙홀이 생겨날 것으로 추정된다.

고차원의 중력을 뉴턴의 만유인력의 법칙으로 설명해 보자. 3차원 공간의 중력은 물체와 물체 간 거리의 2승에 반비례한다. 그리고 공간이 하나 늘어나면 4차원 공간의 중력은 거리의 2승이 아니라 3

승에 반비례한다. 따라서 물체와 물체 간 거리가 가까워지면 가까워질수록 4차원 중력이 3차원 중력보다 점점 커진다. 따라서 거리가 절반이 되면 3차원 중력은 4배가 되는 반면 4차원 중력은 8배가 된다. 거리가 반의반이 되면 3차원 중력은 16배이지만 4차원 중력은 64배가 된다.

그보다 더 고차원이 있다면 어떻게 될까?

공간의 차원이 하나 더 늘어나면 5차원 공간의 중력은 거리의 4승에 비례하므로, 거리가 줄어들면 줄어들수록 5차원 중력은 4차원 중력보다 커진다.

이처럼 고차원이면 고차원일수록 더 작은 규모에서 고차원 중력이 커진다. 우리 눈에는 보이지 않는 공간, 즉 플랑크 규모의 고차원이 숨어 있으면 그 규모에서 중력이 커지는 것이다. 따라서 블랙홀이 생기기 쉬워진다. 다시 말해 LHC에서 가능한 에너지 범위 내의 양성자와 양성자의 충돌에도 블랙홀이 생겨날 가능성이 무궁무진하다는 것이다.

우리에게 보이지 않는 작은 공간에 고차원이 숨어 있다는 사실을 상상할 수 있는가? 3장에서 했던 차원 이야기를 떠올려 보자. 차원은 움직일 수 있는 방향의 수다. 줄타기하는 사람이 움직일 수 있는 방향은 앞뒤라는 한 가지 방향뿐이므로 차원은 1이다. 같은 밧줄 위에서 움직이는 개미는 앞뒤뿐만이 아니라 좌우로도 움직일 수 있다.

[그림 37]

개미 크기의 작은 규모가 되면 새로운 차원이 하나 나타난다는 예시다[그림 37].

마찬가지로 우리의 3차원 공간에도 보이지 않는 공간, 즉 플랑크 규모의 차원이 숨어 있을지 모른다. 초끈이론(세상의 모든 것은 0차원의 입자가 아니라 1차원의 끈으로 이루어져 있다는 것을 골자로 하는 물리학 이론)에서는 6차원에서 7차원의 공간이 숨어 있다고 추측한다. 그러나 유감스럽게도 LHC, 또는 그보다도 더 고에너지 우주선이 존재하는 대기 중에서 양자 블랙홀은 발견되지 않았으며 고차원의 존재 자체가 관찰되지도 않았다.

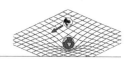

60년 전 블랙홀은 많은 과학자에게 존재를 인정받지 못한 이론상의 가설이었다. 그러나 수많은 관찰을 통해 존재가 확인되면서 가설은 과학적 지식이 되었다. 우주와 세계의 구조에 관한 가설은 무수한 관찰과 실험으로 수없이 업데이트되고 검증된 후 과학적 지식이 된다. 또 과학적 지식(과학)은 틀렸을 가능성을 허용하고, 반증을 환영하며, 항상 동적으로 변화한다.

한편 상식이란 특정한 집단(사회, 가족 등), 특정한 시대, 특정한 환경에서 공통 인식으로 받아들여지는 규칙이다. 엄격한 과학적 방법, 의심, 비판적 사고로 검증된 것이 아니다. 주변에서 통용되는 상식을 의심해 본 적이 있는가? 비판적으로 상식을 검토해 본 적이 있는가?

상식은 특정한 시대, 특정한 환경, 특정한 집단이 집단으로서 기능하는 데에 필요한 규칙이다. 그러므로 다른 시대나 다른 환경, 또는 다른 집단에서는 상식이 아니게 된다. 그럼에도 상식은 '상식'이라는 이름으로 집단과 개인을 속박한다. 그렇기에 상식은 의심해야 한다. 상식도 틀렸을 가능성을 허용하고, 반증을 환영하고, 항상 동적으로 변화할 필요가 있다. 상식을 과학적 방법으로 업데이트해 나가면 모든 사람에게 더 좋은 사회를 만들 수 있다.

다음과 같은 과학의 5가지 규칙은 사회의 규칙이기도 해야 한다(《코스모스_시공과 우주》에서 발췌).

1. 권위를 의심하라.
2. 자기 머리로 생각하라.
3. 관찰과 실험으로 아이디어를 검증하라.
4. 자료와 증거가 필요하다.
5. 나는 틀렸을 수 있다.

04

Q

블랙홀이 지구와 충돌할 가능성이 있나요?

A

블랙홀이 지구와 충돌할 가능성은 있지만,
지구나 우리를 파괴할 가능성은 (거의) 없습니다.

Message

블랙홀은 결코 우리를 죽이지 못합니다. 다만 우리 인간의 욕심과 오만
이 우리의 목을 조르고 우리를 죽일 뿐입니다.

블랙홀, 두려워할 필요 없다

블랙홀은 지구와 충돌할 가능성이 있다. 이때 지구와 인간의 운명은 어떤 블랙홀이 찾아오느냐가 결정한다. 그러나 지구와 인간을 파괴할 블랙홀과 충돌할 가능성은 크지 않다.

항성 블랙홀이 충돌할 가능성은 거의 없다

항성 블랙홀이 지구와 충돌하면 지구와 인간은 스파게티처럼 늘어나 죽고 말 것이다. 그러나 부딪칠 확률은 태양계의 생애 100억 년에서 대략 100억분의 1 이하다.

항성 블랙홀도 원래는 항성이다. 우리은하에서 항성이나 행성이 다른 항성과 부딪칠 확률이 얼마나 낮은지 100억분의 1로 축소한 우주 모형으로 생각해 보자.

100억분의 1로 축소한 우주 모형에서 태양은 자몽 크기가 되고,

지구는 자몽 크기 태양의 15m 앞(걸어서 20초 정도)에 있는 바늘 끝 크기의 점이 된다.

우리은하에는 수천억 개의 항성이 있는데, 항성과 항성 사이의 평균 거리는 약 5광년이다. 그러니까 도쿄에 자몽 크기의 태양이 있다면 가장 가까운 항성은 동남아시아 보르네오섬에 있는 것이다. 지구 표면에 수십 개의 자몽이 흩어져 있다고 상상하면 된다. 2차원 표면 이야기이므로 지구 내부를 생각하면 안 된다.

항성과 항성 사이의 평균 속도는 초당 약 20km[21]이므로 지구상의 자몽들은 1초에 0.002mm씩 움직인다. 100년간 움직이는 거리는 약 6km 정도다. 도쿄 야마노테선(원형을 그리며 도쿄 핵심 지역을 순환하는 지하철 노선)의 지름에도 미치지 못한다. 자몽끼리 충돌할 확률이 거의 없는 것이다.

따라서 자몽 크기 태양의 15m 앞에 있는 바늘 끝 크기 지구와 다른 자몽이 충돌할 확률도 거의 없다. 또 지구 궤도에 영향을 미치는 영역은 바늘 끝에서 150m 범위 안이다. 이 범위 내에서 다른 자몽이 나타날 가능성도 거의 없다.

게다가 블랙홀이 될 수 있는 커다란 고질량 항성은 전체의 0.12%[22]이므로 확률이 더 낮아진다. 그러므로 항성 블랙홀이 지구와 인류를 파괴할 일은 없을 것이다. 하물며 초거대 블랙홀이 지구와 부딪칠 일은 더욱 없다.

원시 블랙홀은 충돌할지도 모른다

운석 크기의 원시 블랙홀이 존재한다거나 또 우주의 암흑물질이 모두 운석 크기의 원시 블랙홀이라고 가정해 보자. 그러면 상당한 수의 블랙홀이 존재하게 되므로 어쩌면 태양계의 수명이 끝나기 전에 한 번 정도는 지구와 충돌할지 모른다. 이것이 항성 블랙홀의 충돌보다 훨씬 현실적이다.

운석 크기인 원시 블랙홀 사건의 지평선은 수소 원자 크기다. 그런 작은 블랙홀이라도 지구의 대기를 통과할 때는 주변 대기가 강착^{降着}해서 밝게 빛난다. 그리고 지구와 충돌하는 게 아니라 채 1분도 안 되는 시간 동안 지구를 관통할 것이다.

그때 운석 크기의 블랙홀은 지구를 수천 톤 먹어 들어가며 관통하는데, 그 정도로는 지구 전체에 약한 지진이 일어날 뿐이다. 지구에 있어 수천 톤은 인간에게 피부 세포 하나 이하의 무게다. 세포 하나 없어져도 아무 영향을 받지 않는 인간과 마찬가지다. 이처럼 지구는 안전하다. 하지만 그 블랙홀이 운 나쁘게 인간을 관통하면 그 인간은 죽는다.

운석 크기의 블랙홀이 지구를 관통하면 운석이나 혜성이 충돌할 때 생기는 넓은 크레이터와는 다른 독특한 크레이터가 생겨날 것으로 예상된다. 블랙홀이 들어간 입구와 나온 출구에 똑같은 크레이터가 반드시 존재할 것이다. 커다란 운석 크기 블랙홀이라면 검출할 수 있는 크기의 크레이터를 남기게 된다. 그러나 현시점에서는 지구나 달에서 그런 크레이터는 발견되지 않았다.

마이크로 블랙홀은 항상 지나간다

원시 블랙홀의 증발이 공간의 최소 단위인 플랑크 크기(10^{-35}m)에서 멈춘다면 플랑크 질량 20μg(마이크로그램=100만분의 1그램)인 마이크로 블랙홀이 남아 있을 가능성도 있다. 이 마이크로 블랙홀이 존재하고, 또 우주의 암흑물질이 이 마이크로 블랙홀이라고 가정하면 지구상의 모든 길을 마이크로 블랙홀들이 항상 지나고 있다는 이야기가 된다.

어쩌면 우리를 통과할지도 모르지만 우리에게 영향은 전혀 없다. 마이크로 블랙홀 사건의 지평선은 플랑크 크기인데, 원자핵의 1억분의 1에 다시 1조분의 1을 곱한 크기다. 너무 작아 파괴력이 없다. 마이크로 블랙홀은 인간과 지구를 그저 지나갈 뿐이다.

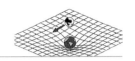

블랙홀은 인간을 죽이지 않는다. 초신성 폭발도 인간을 죽이지 못한다. 확률이 너무 낮으니 두려워할 가치가 없다. 또 거대한 운석이나 혜성이 충돌할 가능성이 앞으로 급부상한다 해도 인간은 아마 그 운석이나 혜성을 회피할 것이다(예를 들어 다트DART: 소행성 궤도 변경 실험). 나아가 태양의 방사선이나 우주선이 지구의 대기를 파괴하고 인간을 죽이는 일도 앞으로 수억 년 동안은 일어날 수 없다. 다만 생명을 키워 낸 대기를 파괴하는 것은 욕심 많고 오만한 인간이다.

생태계가 인간 개인을 죽이기도 하지만 인간이 모든 생명의 생사 균형을 유지하는 생태계를 존중하면 한 집단으로서의 인간, 즉 인류를 죽이지는 않는다. 수백만 년 동안 공존하고 함께 진화해 온 생태계를 파괴하고, 살 수 없는 환경으로 빠르게 바꿔 나가는 것은 욕심 많고 오만한 인간이다.

경제를 더 성장시키고, 일하는 시간을 더 늘리고, 스트레스를 더 받고, 더 소비하고, 남들보다 더 많이 소비하면서, 욕심과 소비로 쌓은 산 정상에 올랐다면 그다음에는 무엇이 있을까? 개인의 행복도 없고 만족도 남지 않는다.

"인간은 우리가 우주라고 부르는 전체 중 일부, 시간과 공간의 제한을 받는 일부다. 타자와 분리된 한 사람으로 자신이 존재하고, 자신이 사고하고 느낀다고 생각하겠지만 그것은 전부 우리 의식이 만들어 내는 일종의 착각이다. 그 착각과 망상은 우리의 감옥이다. 각자의 욕망으로 된 감옥이다. 이 감옥에서는 자신과 소수의 사람만을 생각하게 된다. 우리는 모든 생물과 자연의 조화가 가진 아름다움을 받아들이고 배려를 넓혀 나감으로써 이 꽉 막힌 감옥에서 자신을 해방해야 한다."
-아인슈타인

COSMOS THINKING

우주는 어디로 갈까?

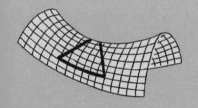

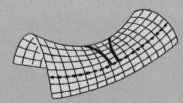

5장

01

Q
우주의 중심은 어디인가요?

A
우주의 중심은 나와 당신이지만, 프록시마 센타우리이기도 하고 안드로메다은하이기도 합니다. 다시 말해 우주 전체가 중심이며 특별한 곳은 따로 없습니다.

Message

우주에서 우리의 존재 의미를 찾아도 대답은 돌아오지 않습니다. 우리에게 의미를 부여하는 것은 우리입니다.

우주에 중심은 없다

우주의 어느 방향을 봐도 똑같이 은하가 분포한다. 지구에서 보면 모든 은하가 멀어지는 것처럼 보인다. 우주의 어느 곳이든 중심이기 때문에 우주의 중심은 따로 없다. 바로 이 점에 대해 이제부터 설명하겠다.

은하는 먼 곳에 있을수록 빠른 속도로 멀어진다

멀리 있는 은하를 관찰해 보자. 그 은하는 우리와 은하를 잇는 선위에서 우리와 멀어지는 방향으로 움직인다. 360도 어느 방향을 봐도 은하들은 마찬가지로 멀어지고 있다. 게다가 멀리 있는 은하일수록 더 빠른 속도로 멀어지는 중이다[그림 38].

이것이 '허블의 법칙'이다. 원래 변호사였던 천문학자 에드윈 허블이 은하의 후퇴 속도[v]와 그 은하의 거리[d]를 관측해 은하의 후

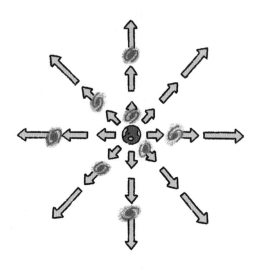

[그림 38]

퇴 속도[v]는 은하의 거리[d]에 비례한다[v=Hd]고 발표했다. H는 일정한 값이며 허블 상수이다. 그래서 우리가 본 은하의 거리가 멀면 멀수록 그 은하의 후퇴 속도는 빠른 것이다.

은하의 거리

은하의 거리는 밝기가 변하는 주기와 실제 밝기 사이에 규칙적인 관계가 있는 세페이드 변광성[1]을 찾아내서 측정했다. 전구의 실제 밝기가 100와트라면 그 전구가 눈으로 보기에 어두워 보이면 보일수록 그 전구는 우리에게서 멀리 있다. 이처럼 실제 밝기를 아는 광원을 표준광원이라 한다. 이 같은 원리로 은하 내 세페이드 변광성의 관측상 밝기로 그 은하까지의 거리를 알 수 있는 것이다.

은하의 속도

은하가 발하는 빛의 스펙트럼을 분석하면 우리와 은하를 연결하는 선 위에서 그 은하가 우리에게 가까워지는지, 또는 멀어지는지 알 수 있다. 그 움직임의 정도도 관찰할 수 있다.[2]

스펙트럼에는 다양한 원자와 분자로 인한 휘선과 흡수선(스펙트럼선)이 만들어진다. 그리고 빛을 발하는 천체가 움직이면 그 스펙트럼선이 나타나는 관측상 파장이 실제 파장과 달라진다. 관측자인 우리에게 천체가 다가오면 관측상 파장이 짧아지고, 우리와 멀어지면 관측상 파장은 길어지는 것이다. 이처럼 빛의 파장이 천체의 움직임에 따라 달라지는 것을 '빛의 도플러 효과'라고 한다.

그런데 왜 천체의 움직임에 따라 그 천체가 만들어 내는 스펙트럼의 관측상 파장이 실제 파장과 달라질까? 이 빛의 도플러 효과는 우리가 일상에서 경험하는 도플러 효과와 비슷하다.

우리를 향해 구급차가 다가올 때는 사이렌 소리가 커지고, 구급차가 우리를 지나쳐서 멀어질 때는 사이렌 소리가 작아진다. 소리는 공기를 타고 전달되는 파장인 음파다. 소리의 파장이 압축되어 짧아지면 소리가 높게 들리고 파장이 늘어나 길어지면 소리가 작아진다.

마찬가지로 움직이는 물체가 발하는 빛의 파장은 줄어들기도 하고 늘어나기도 한다. 빛을 발하는 물체의 움직임으로 실제 파장의 관측상 스펙트럼선이 긴 방향으로 움직인 정도를 적색편이라 하고, 파장이 짧은 방향으로 움직인 정도를 청색편이라고 한다. 적색의 파장이 청색보다 길기 때문에 이러한 표현이 생겨난 것일 뿐 실제 색과는 관계가 없다. 엑스선의 경우든 전파의 경우든 적색편이 또는 청색편이라고 부른다.

또 구급차의 속도가 빠르면 빠를수록 파장은 크게 변한다. 압축 또는 늘어난 정도가 큰 것이다. 마찬가지로 물체가 움직이는 속도가 빠르면 빠를수록 그 물체가 발하는 빛의 파장은 크게 변한다.

먼 곳의 은하에서 나오는 빛은 그 은하까지 거리가 멀면 멀수록 파장이 길어진다. 은하가 먼 곳에 있을수록 그 은하는 더 빠르게 멀어지는데, 이 사실을 허블이 발견했다.

우주는 팽창하고 있다

허블의 관측에 따르면 은하가 지구를 중심으로 움직이는 것처럼 보이지만, 지구가 특별한 것은 아니다. 우주가 어디서나 똑같이(균일하게) 팽창하기 때문에 은하가 우리에게서 멀어지는 듯 보인다는 것이 허블의 법칙에 대한 올바른 해석이다.

예를 들어 건포도빵이 부푸는 모습을 생각해 보자[그림 39]. 균일

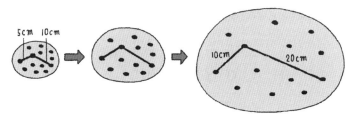

[그림 39]

하게 부푸는 빵이 우주, 건포도가 은하에 해당한다. 빵의 모든 지점이 똑같이 부풀어 오를 때 하나의 건포도 위치에서 보면 다른 건포도들이 멀어지는 것처럼 보인다. 건포도빵이 두 배로 부풀면 5㎝ 거리에 있던 다른 건포도는 10㎝ 거리에 있게 되고, 거리가 10㎝ 떨어졌던 건포도는 20㎝ 거리에 있게 된다. 먼 곳의 건포도일수록 똑같은 시간 동안 더 많이 움직인다. 다시 말해 더 빠르게 멀어진다.

이 빵처럼 우주가 균일하게 팽창할 때는 어떤 은하에서 보아도 주변 은하들이 퍼져가는 모습을 관찰할 수 있다. 은하가 멀리 있으면 있을수록 더 빠른 속도로 멀어지는 듯 보인다. 따라서 균일하게 팽창하는 우주에서는 어느 은하에서 봐도 허블의 법칙이 성립한다.

우주는 항상 움직이는 것이 자연스러운 상태

지구의 중력장에서 사과는 항상 떨어진다. 달과 위성도 항상 계속 떨어진다. 위로 던진 공은 위쪽으로 오르다 떨어진다(자유낙하).

아인슈타인의 일반상대성이론에 따르면 중력장에서는 움직이는 것이 자연스러운 상태이다. 정지한다면 중력 외의 어떤 힘이 작용하기 때문에 정지하는 것이다. 예를 들어 사과가 정지하는 것은 우리의 손 또는 지면이 사과를 지탱하거나 나뭇가지가 사과를 당기고 있기 때문이다.

마찬가지로 아인슈타인의 일반상대성이론에서도 우주는 항상 움직인다. 팽창하거나 수축하거나 둘 중 하나이며 우주 규모에서 중력에 저항하는 힘이 없는 한 우주가 정지하는 일은 없다.[3] 그렇다면 역시 허블의 법칙은 우주가 팽창하는 결과다. 그러므로 허블이 측정한 은하의 후퇴 속도는 은하의 속도가 아니라 우주 그 자체의 팽창 속도다.

은하 빛의 파장이 늘어나는 것은(적색편이) 은하의 움직임에 따른 빛의 도플러 효과가 아니라 우주의 팽창으로 우주와 함께 빛의 파장이 늘어난 결과다(우주론적 적색편이). 그리고 어느 방향을 봐도 은하의 분포가 균일한 우주는 어느 지점이든 똑같은 비율로 팽창한다. 그 결과 모든 지점에서 허블의 법칙이 성립한다. 다시 말해 우주에는 중심이 없고 특별한 곳도 없다.

우주에 중심은 없다, 끝도 없다

건포도빵의 경우 건포도빵 자체의 중심을 생각해야 한다. 3차원 공간에 사는 우리에게 중심이 없는 3차원 공간을 상상하는 일은 불가능하다. 여기서 차원을 하나 낮춰 구형 풍선의 표면을 우주에 비유해 보겠다[그림 40].

풍선 표면이라는 2차원 우주에 사는 사람에게는 그 표면이 존재할 수 있는 공간 전부다. 풍선 표면에 은하가 있고 풍선 안이나 바깥은 없다. 2차원 사람은 한 은하에서 다른 은하로 이동하면 우주에 끝은 없고 중심도 없다는 사실을 깨닫는다. 지구 표면을 아무리 걸어도 끝도 없고 중심도 없는 것과 마찬가지다. 그러므로 균일하게 팽창하는 풍선 표면에 있는 은하와 은하 사이에는 어디서 보아도 완전히 똑같은 허블의 법칙이 성립한다.

이 2차원 풍선 표면과 마찬가지로 우리의 3차원 공간 우주도 팽창한다. 팽창하는 우주에서는 어떤 지점이든 중심이 될 수 있다. 특별한 지점은 어디에도 없다. 따라서 우주에는 끝도 없고 중심도 없다.

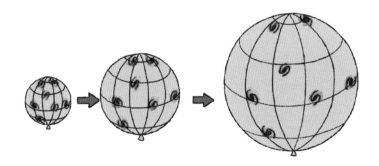

[그림 40]

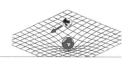

　우주에는 중심도 없고 특별한 곳도 없다. 또 우주에는 의지도 없고 의도도 없으며 의미도 없다. 우리 인간은 자신이 왜 존재하는지, 왜 태어났는지, 무엇을 위해 살아가는지 계속 의문을 가진다. 수천 년의 시간을 넘어 옛날이나 지금이나 계속 질문한다.

　나는 우주를 알면 그 질문들에 대한 답을 찾을 수 있을 것 같아 공부를 시작했다. 그러나 우주를 알면 알수록 해답이나 정답이 없다는 사실을 깨닫게 됐다. '의미'는 의식이 있는 인간이 부여하는 것이다. 우주의 움직임, 우주에 있는 별이나 생명의 존재에 의미는 없다. 다시 말해 의미를 찾는 나에게 의미를 부여하는 것은 나 자신이고, 의미를 찾는 여러분에게 의미를 부여하는 것은 여러분이다.

　우주에서 우리는 특별한 곳(중심)에 있지도 않고 특별한 존재도 아니다. 그러나 의식이 있고 의미를 찾는 우리가 우주를 무대로 서 있는 한 이야기의 중심이자 주인공임은 틀림없다.

Q

우주는 언제까지 팽창할까요?

A

우주는 영원히 점점 빠른 속도로 가속 팽창할 것입니다.

Message

어두운 에너지는 자신에게, 남에게, 또 사회에 도움이 됩니다. 어두운 에
너지를 활용하는 방법을 아는 일은 중요합니다.

우주는 대략 60억 년 전부터 가속 팽창하고 있다

우주 관측은 어떤 의미로는 타임머신이다. 빛의 속도는 제한되어 있으므로, 머나먼 은하에서 오는 빛은 그 빛이 발해진 과거 시점의 빛이다. 그러므로 서로 다른 거리에 있는 은하들은 우주의 역사를 가르쳐 준다.

현재에서 과거를 돌아보고 시간별로 은하의 적색편이(은하가 있는 곳의 팽창 속도로 인한 파장의 변화)가 어떻게 변화했는지 살펴보면 우주가 어떻게 팽창했는지 알 수 있다.

은하의 적색편이는 은하의 스펙트럼을 관찰하며 그 속에서 보이는 거리와 스펙트럼선의 이동을 살펴봐야 한다. 허블이 사용한 세페이드 변광성으로는 가까운 은하의 거리밖에 측정할 수 없다. 이렇게 세페이드 변광성보다 10만 배 밝은 표준 광원, Ia형 초신성 폭발[4]을 이용해서 먼 은하의 거리를 계산한 연구진이 있었다. 그들은 1988

년 우주는 대략 60억 년 전부터 가속 팽창하고 있다는 사실을 밝혀 냈다.[5]

예를 들어 지구의 중력장에서 사과를 위로 던지면 사과는 점점 감속하다가 언젠가 아래로 떨어진다. 그런데 위로 던진 사과가 아래로 떨어지지 않는다면 깜짝 놀랄 것이다. 떨어지지 않을 뿐 아니라 점점 가속해 위로 올라간다면 어떨까? 소리 지르며 질겁할 일이지만 이 현상이 그야말로 우주 규모로 일어나고 있다.

우주의 보통물질과 암흑물질은 안쪽으로 향하는 중력을 만들어 우주의 팽창을 감속시킨다. 지구의 중력이 사과를 감속하는 것과 마찬가지다. 그런데 중력과 반대로 우주가 가속 팽창한다는 것은 우주를 붙들어 두는 중력과 반대 방향으로 우주를 밀어내는 무언가가 있다는 뜻이라고 추측할 수밖에 없다. 이 무언가를 암흑에너지라고 한다.

암흑에너지는 반발하는 중력을 낳는 진공 에너지

암흑에너지는 암흑물질과 함께 정체를 알 수 없기 때문에 '암흑'이라 부르는데, '진공 에너지(공간 자체가 가진 에너지)가 암흑에너지는 아닐까?'라는 추측이 있다.

호킹 복사는 아무것도 없는 공간(진공)에 에너지(양자장의 떨림)가 있기 때문에 가능했다. 공간에 진공 에너지가 있다는 사실은 실험으로 검증되었다.[6] 그리고 에너지는 중력을 만들기($E=mc^2$) 때문에 진공 에너지도 중력을 만든다. 다만 보통물질과 에너지, 암흑물질의 중력은 서로를 끌어당기는 중력인 반면 진공 에너지의 중력은 서로를 밀어내는 중력이다.[7] 아인슈타인이 100년 전에 생각한 반발하는 중력, 우주상수와 똑같은 작용을 하므로 암흑에너지는 우주상수이거나 우주상수와 매우 비슷한 무언가로 추정된다.[8]

암흑에너지는 점점 증가해서 우주를 더욱 가속한다

진공 에너지는 우주 공간에 있는 에너지이다. 단위 부피당 암흑에너지의 양(밀도)은 우주가 팽창하든 하지 않든 일정하다. 그 결과 우주의 총 암흑에너지양은 우주 공간이 팽창하면 할수록 점점 늘어난다.

한편 단위 부피당 보통물질과 에너지, 암흑물질의 양(밀도)은 우주의 팽창과 함께 줄어든다. 우주가 젊을 때는 우주 자체가 지금보다 작았기 때문에 보통물질과 에너지, 암흑물질의 밀도가 높았다. 그래서 끌어당기는 중력이 우주를 지배했고, 초기 우주의 팽창은 감속했던 것이다.

그러나 우주의 팽창과 함께 그 밀도가 점점 낮아져 진공 에너지의 밀어내는 중력이 끌어당기는 중력보다 커졌다. 그 결과 우주의 팽창은 감속에서 가속으로 바뀌었다. 그리고 가속 팽창으로 커지는 우주의 총 암흑에너지양도 늘었다. 총 암흑에너지양이 늘어나자 우주는 가속도를 점차 높여 팽창하게 되었다. 이런 원리로 우주는 영원히 팽창할 것으로 예상된다.

관측과 이론의 120자리 어긋남

이처럼 '암흑에너지는 진공 에너지다'라고 하면 우주의 가속 팽창이 설명된다. 하지만 이 암흑에너지의 관측값은 현재 어떤 물리 이론으로도 밝힐 수 없다. 예를 들어 이론적으로 진공에너지를 계산하면 이 관측값을 재현할 수 없을 뿐 아니라 관측값과 120자리나 차이가 나는 값이 나온다.

암흑에너지의 관측값은 1㎥에 10억분의 1줄(J)이라는 너무나도 작은 값이다. 줄이란 에너지의 단위로 1칼로리가 4.18줄이다. 성인이 하루에 섭취하는 에너지양이 약 2,000킬로칼로리, 즉 840만 줄 전후라는 사실을 생각하면 암흑에너지의 밀도가 너무 낮다는 사실을 알 수 있다. 따라서 암흑에너지가 존재한다는 사실이 의심되기 때문에 '암흑'이 아니라, 암흑에너지의 값이 매우 작아서 설명할 수 없기 때문에 '암흑'인 것이다.

암흑에너지가 작은 우주에 태어난 우리

현재의 물리 이론으로 이 작은 암흑에너지 밀도를 설명할 수 없다면, 시점을 바꿔서 우리가 어쩌다 우연히 이 우주에 존재할 뿐이라고 받아들이자. "왜 우리의 우주 공간은 3차원일까?"라는 질문에는 3차원이 아니라면 인간처럼 복잡한 생명은 존재할 수 없다고 생각하면 된다.

이를테면 암흑에너지가 관측값보다 수십 배 컸다면(그래도 수천만 분의 1줄) 거의 모든 은하는 형성되지 않았을 것이다. 암흑에너지가 초기 우주의 암흑물질 및 보통물질의 수축을 방해하여 은하를 길러 내는 가스 구름이 생겨나지 않았을 것이기 때문이다. 그랬다면 태양계와 지구도 생겨나지 않았을 것이다. 암흑에너지 밀도가 낮지 않았다면 "왜 암흑에너지 밀도가 낮을까?"라고 질문할 인간이 우주에 존재하지 않았을 것이다.

그렇다면 계속해서 가속 팽창하는 우주는 어떻게 될까?

태양계는? 우리은하는? 인간은? 우주의 미래와 최후를 다음 파트에서 함께 생각해 보자.

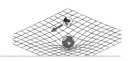

사람에게는 분노, 공격성, 경쟁심, 권력욕 등의 어두운 에너지가 있다. 이 어두운 에너지는 자신과 타인에게 위해를 가하고 악순환을 낳는다. 동시에 자신과 사회, 인류를 위해 무언가를 해내는 원동력이 되기도 한다.

옳지 못한 일을 보고 분노하는가?

권위에 저항할 수 있는가?

경쟁심을 불태우며 자신의 한계에 도전할 수 있는가?

자기 인생의 BOSS가 될 수 있는가?

사회를 이끄는 BOSS가 될 수 있는가?

어두운 에너지가 없는 사람은 그저 무해한 사람일 뿐이다. 반드시 좋은 사람이라는 보장도 없고 멋진 사람도 아니다.

어두운 에너지는 우주의 암흑에너지와 함께 공간(존재의 기반)에 잠재된 터무니없이 큰 에너지이고, 엄청난 가능성을 감추고 있다. 우리는 알아차리지 못하고 있을 수 있지만 우리 내면에도 어두운 에너지가 있으며, 또 있는 편이 좋다. 어두운 에너지로 가득 찬 자신을 제어하고 방향성을 부여하는 사람은 그 터무니없이 큰 에너지를 해방해 창조로 이어 나갈 수 있다. 타인을 위해, 더 좋은 사회를 만들기 위해 움직일 수 있기 때문이다.

03

Q

인간은 앞으로 얼마나 지구에 살 수 있을까?

A

태양은 매초 100와트 전구 1천만 개만큼 밝아지고 있습니다.
그로 인해 약 10억 년 후에는 지구의 물을 모두 증발시킬 것입니다.
그 문제를 해결해도 태양은 더욱 거대해져 지구를 삼킬지 모릅니다.
수십억 년 후에는 탈출해야 합니다. 태양계 안의 행성을
테라포밍Terraforming하거나 태양계 바깥의 행성을 찾아 이주하는 것입니다.
둘 다 어렵다면 우주 식민지에서 살거나, 인류 DNA를 우주에 뿌리거나
의식을 컴퓨터에 업로드하는 선택지가 남습니다.

Message

인류가 지구에서 탈출해 다른 행성을 테라포밍해 살 수 있으려면 대량
소비, 환경 파괴, 자기중심적 경쟁으로 인한 자멸을 피하고 생명의 진화
를 방해하는 미래의 대여과기大濾過器, Great Filter가 없도록 해야 합니다.

태양의 운명은 지구의 운명

태양광은 지구에 사는 사람, 동물, 식물의 에너지원이다. 태양광이 없으면 휘발유가 없어서 자동차가 움직이지 못하는 것과 마찬가지다. 반대로 태양광이 지금보다 더 밝아져도 인간과 동물, 식물은 살아갈 수 없다. 그런데 태양은 매초 더욱 강력해지고 있다.

태양은 중심핵에서 수소를 헬륨으로 융합함으로써 빛나는데, 2장에서 말한 것처럼 이 융합률이 매초 높아지고 있다. 태양광의 에너지양(와트수=초당 줄)은 1억 년에 1%, 1년으로 치면 1억분의 1%씩 증가한다. 하지만 태양광은 매초 100와트 전구 약 1천만 개만큼 밝아지고 있다.

태양 에너지가 증가해도 지구는 태양에서 충분히 떨어져 있으므로 앞으로 수억 년 동안은 지구에 영향을 미치지 않는다. 그러므로 현재 지구가 직면한 온난화는 태양 탓이 아니다. 바로 인간 탓이다.

이제부터라도 지구 환경을 회복시키고 자멸을 피하는 일이 우선이다. 지구 멸망이 불안하다면 먼저 지구의 문제들을 해결한 후 지구 탈출 계획을 세워야 한다.

물의 증발

앞으로 약 10억 년 후면 더욱 강력해진 태양 에너지로 지구의 평균 기온은 인간의 체온보다 높아진다. 그로 인해 강이나 바다의 물이란 물은 모두 증발하고 말 것이다.

그런데 태양으로 인한 온도 상승을 인공적으로 막을 방법이 있다. 이를테면 지구 온도가 올라가기 시작하면 탄산칼슘(석회석) 같은 분말을 지상 10~50㎞의 성층권에 뿌려서 태양광을 차단하는 방법이다.[9]

과거에 운석 충돌이나 커다란 화산 폭발로 생긴 연기와 재가 지구를 뒤덮으며 지구 전체의 평균 기온이 낮아졌다. 그 결과 공룡을 포함해 수많은 생물이 대량으로 멸종했다. 이 원리를 활용해서 불필요한 태양광을 차단하는 것이다.[10]

성공하면 우리는 지구에 조금 더 머물 수 있을 것이다. 하지만 동시에 지구 탈출 계획을 진행해야 한다. 태양이 점점 거대해질 것이기 때문이다.

태양의 거대화, 적색거성

그 시점에서 대략 40억 년 동안 태양은 계속 강력해지다가 중심핵에 있는 마지막 수소가 헬륨으로 융합될 때 커다란 변화를 겪을 것이다. 우선 중심핵의 에너지 생산이 멈추면 자신의 무게를 지탱하지 못하게 된 중심핵이 수축하고, 주변 온도가 점점 높아지기 때문에 핵 주변의 수소가 엄청난 속도로 융합한다. 그 결과 태양은 현재의 수천 배 밝기로 빛나고 금성을 삼킬 때까지 팽창해서 적색거성이 된다.

이쯤 되면 지구는 녹아서 대부분 증발할 것이다. 그전에 태양계 행성을 인간이 살 수 있도록 테라포밍하거나 인간이 살 수 있는 태양계 외부 행성을 찾아(테라포밍해서) 이주할 필요가 있다. 시간은 충분히 있으니 힘내자.

적색거성의 중심핵은 더욱 수축하고 온도는 계속 올라간다. 태양이 적색거성이 되고 약 10억 년 후 핵의 온도가 1억 도에 달하면 그곳에서 헬륨 융합이 시작되어 탄소를 만든다. 그렇게 되면 융합의 압력으로 핵의 수축이 멈추고 태양의 균형(중력과 압력이 같음)이 회복되어 태양은 다시 작아진다. 헬륨 융합은 고온 고속으로 진행되므로 1억 년 정도면 핵의 헬륨도 모두 없어질 것이다.

그 후로는 전과 매우 비슷해질 것이다. 에너지 생산이 멈춘 핵은 다시 수축해 주변 가스의 온도를 높이고, 주변 헬륨과 수소 가스의 융합으로 태양은 강력해지며 다시 팽창할 것이다. 태양이 다시 전보다 더 큰 적색거성이 되는 것이다. 그때는 어쩌면 지구까지 삼킬지 모른다.[11] 강력해진 적색거성은 매우 불안정하다. 그로 인해 태양 바깥층은 몇 번이고 항성풍으로 벗겨져 나갈 것이다. 이때 가스는 항성풍을 타고 색색으로 빛을 내며 아름다운 행성상 성운으로 나타난다.

태양의 최후, 백색왜성

태양의 중심핵은 행성상 성운 속에 있다. 그래서 행성상 성운의 빛이 멈춰도 계속 남아 전자의 양자 압력[12]으로 지탱되며 남은 열로 빛난다. 이것을 백색왜성이라고 한다. 열을 간직한 채 붉게 빛나던 숯이 조용히 열을 방출하며 어두워지듯, 백색왜성은 수백만 년에서 수천만 년에 걸쳐 조용히 빛을 발하다가 사라진다. 흑색왜성이 되는 것이다. 인류는 어느 곳에서 태양의 최후를 지켜보게 될까?

지구 탈출 계획의 서막

인간의 조상이 아프리카 사바나에 등장한 후로 아직 400만 년밖에 흐르지 않았다. 우리가 지구에 살 수 있는 시간은 그 100배 이상, 태양의 진화로 지구의 물이 증발하기 전까지이다. 인류가 그때까지 전쟁이나 환경 파괴로 자멸하지 않고 번성한다면, 아마 미래 인간은 지적으로나 생물학적으로 현재의 인간과는 상당히 다를 것이다. 여러분은 어떻게 생각하는가?

인류는 지구에 살 수 없게 되기 전에 주변 행성이나 위성으로 이주해야 한다. 인간에게 필요한 것은 대기, 온난한 기후, 액체 상태의 물이다. 이 세 가지 조건을 충족하는 행성이나 행성 주위를 도는 위성은 어디에 있을까?

태양계 내의 거주 가능한 행성(위성)을 테라포밍

현재 태양계에서 액체 상태의 물이 존재 가능한 영역은 지구와 화성뿐이다. 이 영역을 생명 가능 지대라고 하는데, 우리 인간이 이주할 행성을 찾는 첫걸음은 생명 가능 지대에 행성이 있는지 확인하는 것이다.

다음으로 행성에 온난한 기후와 액체 상태의 물을 유지할 대기가 있는지 조사한다. 이를 위한 지표가 행성의 크기다. 행성은 너무 작아도 안 되고 너무 커도 안 된다.

예를 들어 화성의 경우 액체 상태의 물은 대략 30억 년 전 거의 증발한 듯하다. 화성이 너무 작기 때문이다(화성의 질량은 지구의 약 9분의 1이다). 작은 행성은 냉각되기 쉬워 내부 액체 금속의 움직임이 멈추어 자장이 없어지게 된다. 자장, 즉 자기권이 없으면 태양풍(방사선, 우주선)이 대기를 이온화해 벗겨낸다. 그렇게 되면 대기의 압력이 낮

아져 물이 증발하고, 물 분자를 머금은 대기는 태양풍에 더욱 벗겨
져 나간다. 그 결과가 현재의 화성이다.

화성의 대기압은 지구의 1% 이하, 기온은 평균 영하 60도, 액체
상태의 물은 없다. 화성은 생명 가능 지대에 있지만 인간의 거주가
가능하지 않다. 화성으로 이주하기 위해서는 화성을 테라포밍해야
한다.

그런데 가장 큰 문제는 대기다. 인간이 현재 화성에서 우주복을
입지 않으면 산소 결핍이 일어나기 전에 온몸의 액체가 끓어올라 1
분 내로 죽고 만다. 그러므로 대기를 만들기 전에, 만들어 놓은 대기
가 우주선에 파괴되지 않도록 인공 자기권(전자석을 태양과 화성 사이에
두기)을 만들 필요가 있다.

다음으로 충분한 대기압을 조성해 대기의 온실효과로 온도를 높
이고 액체 상태의 물을 보존해야 한다. 이를 위해 지하 깊이 숨어 있
을지 모르는 광석에서 이산화탄소를 채취하거나 우주 로봇을 이용
해 질소, 이산화탄소, 물이 풍부한 혜성을 1만 개 정도 화성에 부딪
히게 하는 방법을 사용해야 한다. 그렇게 하면 충분한 대기가 생기
고 깊은 바다도 생겨날 것이다.

여기에 산소도 필요하다. 장기간에 걸쳐 대기 중 이산화탄소에서
생겨난 산소MOXIE로 찬 온실 '월드하우스'와 이산화탄소를 먹고 산
소를 배출하는(광합성) 세균을 번식시켜 산소를 만들어야 한다.

다만 이 방법은 현재의 기술로는 불가능하다. 그뿐만 아니라 화성 전체의 테라포밍은 어려울 수 있으므로 부분적으로 지구화하는 패러테라포밍이 목표다. 패러테라포밍해도 완성까지는 아마 100년 이상의 시간이 필요할 것이다. 그러나 지구의 물이 증발하는 것은 대략 10억 년 후이므로 (패러)테라포밍을 위한 기술을 개발할 시간은 충분하다.

그 후 태양이 팽창해 적색거성이 되면 생명 가능 지대가 바깥쪽으로 이동해서 목성과 토성도 생명 가능 지대에 해당하게 된다. 그러나 이 행성들은 가스 행성이어서 인간이 생활할 지면이 없다. 가스 행성의 중심부에 있는 고체 행성이 너무 크기 때문이다.

목성이나 토성 같은 행성은 형성 당시부터 현재에 이르기까지 태양에서 멀리 떨어져 온도가 낮은 곳, 생명 가능 지대의 바깥에 있다. 생명 가능 지대의 바깥에는 물이 얼어 고체 상태다. 또 암모니아와 이산화탄소도 고체이기 때문에 초기 목성과 토성은 그 고체들이 모여 지구나 화성보다 더 크게 성장했다.

이후 자신의 중력으로 주변의 가스를 대량으로 모아 거대한 가스 행성이 된 것이다.

인간은 가스 행성으로 이주할 수 없지만, 가스 행성 주위의 위성은 어떨까? 거대한 목성과 토성 주위에는 고체와 가스가 모여들었기 때문에 위성도 80개가량 생겨났다.[13] 목성의 에우로파와 토성의 엔켈라두스는 얼음으로 덮여 있고 그 밑에는 액체 상태의 물도 풍부한 듯하다.

그러나 유감스럽게도 그 위성은 모두 화성보다 작기 때문에 앞으로 생명 가능 지대에 들어와도 충분한 대기를 장기간 유지하기는 어렵다.[14] 인류는 우주 식민지에 살면서 이 위성도 인공적으로 테라포밍 또는 패러테라포밍 할 필요가 있다. 또는 태양계에서 탈출하는 방법도 있다.

태양계 외부 행성의 가능성

태양에서 가장 가까운 항성에 지구와 비슷한 크기의 거주 가능한 행성이 있다. 별 세 개로 이루어진 알파 센타우리라는 연성 중 가장 가까운 곳에 있는(4.2광년) 프록시마 센타우리의 생명 가능 지대에서 최근 지구 크기의 행성이 최근 발견되었다. 이 행성을 프록시마 b라고 하는데, 질량은 지구의 1.27배이고 어쩌면 이주할 수 있을지도 모른다.

프록시마 센타우리 별은 적색왜성이다. 항성 중 질량이 가장 작기 때문에 온도도 가장 낮다. 또한 다른 항성들보다 천천히 수소를 융합하므로 에너지의 총방출량도 적다. 게다가 적색왜성은 태양과 달리 주로 적외선을 복사하기 때문에 생명 가능 지대가 상당히 가깝다. 예를 들어 프록시마 b의 공전 주기는 단 11일(지구의 공전 주기는

365일), 공전 반경은 수성과 태양 간 거리의 약 8분의 1에 불과하다.

항성과 거리가 가까우면 조석력의 영향을 받는다.[15] 달이 지구에 항상 같은 면을 보이고 공전하듯 프록시마 b도 절반은 항상 낮, 절반은 항상 밤일 가능성이 있다. 항성의 복사로 인한 낮의 열이 어떤 방법(대기나 바닷물의 대류)으로 움직여 온난한 대기가 유지된다면 밤의 대기가 얼어붙지 않아 인간의 이주가 가능할지 모른다.[16]

또 적색왜성의 생명 가능 지대에 있는 행성은 항성과 거리가 가까우므로 항성이 폭발적으로 뿜어내는 고에너지 복사(자외선, 엑스선) 및 우주선의 영향을 받기 쉽다. 이것은 태양 플레어와 똑같은 현상이다. 가까운 거리에서 플레어가 행성의 대기를 벗겨내면 화성처럼 대기와 액체 상태의 물이 없어진다. 또 프록시마 센타우리는 수명이 수조 년 이상인데 아직 49억 년밖에 살지 않았으므로 상당히 불안정하다.[16] 그러므로 '가까운 거리+빈번히 일어나는 폭발적 에너지 방출'에서 대기와 액체 상태의 물(있다고 가정)을 계속 보호하기 위해서는 두꺼운 대기와 튼튼한 자기권이 필수다.

모든 조건이 갖춰지고 수십억 년 후 프록시마 b로 이주하게 되면 밤 쪽에 생활 기반을 두는 것이 좋다. 플레어로 인한 자외선의 영향으로 세포가 파괴되지 않도록 조심해야 하기 때문이다. 가시광선은 인공적으로 만들 수 있다. 4.2광년 떨어진 행성으로 이주할 정도의 기술을 가진 인류는 에너지 문제를 이미 해결했을 것이므로 문제없다. 또 우주복을 착용하면 낮 쪽으로 나들이 삼아 소풍을 다녀올 수도 있을 것이다.

사실은 이미 우표 크기의 우주선 '스타칩'을 광속의 20%까지 가속해 프록시마 b를 관찰하는, 브레이크스루 스타샷이라는 프로젝트가 시작되었다. 이제 인간은 프록시마 b를 둘러볼 준비를 하는 중이다.

프록시마 b가 안 된다면 11광년 거리에 'Ross128b'라는 행성이 있고, 40광년 거리에 있는 '트라피스트 1'이라는 항성 주위에 지구형 행성이 몇 개 있으므로 이 행성들로 이주할 수 있을지도 모른다. 그러나 모두 적색왜성 주위에 있는 행성이다. 항성 Ross128의 나이는 95억 년이다. 프록시마 센타우리처럼 폭발적인 에너지 방출이 없는 조용한 항성인 듯하지만, 어떤 행성이든 충분히 관찰하지 않고서는 해답을 얻을 수 없다.

최후의 수단

어느 행성으로도 이주할 수 없다면 우주 식민지에서 살 수밖에 없다. 그러나 식민지는 인류를 유지해 줄 수 없거나, 전쟁으로 멸망할 가능성도 있다.

이렇게 되면 인류는 살아남으려 할 것이 아니라 긴 안목으로 인류의 DNA(이를테면 인류와 함께 살아온 미생물)를 소형 우주선에 실어 은하 전체에 뿌림으로써 생명을 존속시키는 방법이다. 어쩌면 우리도 그렇게 해서 태어난 외계인의 자손일지 모른다.

또는 그때쯤이면 컴퓨터에 인간의 의식을 업로드하여 사고하는 존재로 영원히 살 수 있을지도 모른다.[17] 의식의 업로드로 사람의 뇌가 영원히 살아가는 일이 가능해지면 생물학적 자손은 특별히 필요하지 않게 될 것이다.

우리은하와 안드로메다은하의 합체

현재 안드로메다은하는 초당 110㎞라는 맹렬한 속도로 우리은하에 다가오고 있다. 태양이 강력해져 인류가 지구 탈출 계획을 세우는 동안, 우리은하와 안드로메다은하는 서로를 향해 점점 속도를 높이고 있다.[18]

그때 인류가 어디에서 밤하늘을 보고 있을지는 모르나 어디가 됐건 보이는 안드로메다은하는 점점 커진다. 그리고 수십억 년 후에는 안드로메다은하의 빛이 우리의 밤하늘을 가득 채울 것이다.

지금으로부터 약 38억 년 후 안드로메다은하와 우리은하는 충돌한다. 그 충격으로 두 은하의 가스가 수축하고 별들이 폭발적으로 형성될 것이다. 큰 별들이 폭발해 다른 별들의 형성을 더욱 유발하고 그로부터 1억 년이 지나면 밤하늘은 더욱 밝고 아름다워지게 된다. 부딪쳐도 은하의 90% 정도는 중력 외 암흑물질로 이루어져 있으므로, 은하와 은하는 대부분 서로를 통과할 것이다. 그러나 서로의 조석력으로 가스와 별이 잡아당겨 왜곡되므로 은하의 형태는 상당히 달라진다.

자연스럽게 서로 멀어진다 해도 두 은하는 끊임없이 서로에게 이끌리고 있으므로 점점 감속하다 지금으로부터 약 47억 년 후에는 서로를 위해 다시 돌진하고, 그로부터 수억 년 후에는 다시 충돌할 것이다. 별을 만드는 가스가 전부 바닥나고, 원반 형태로 분포하던 별들도 궤도에서 벗어나 두 은하를 서로 구분할 수 없게 되는 것이다.

그 후에는 멀어졌다가 부딪치고, 부딪쳤다가 멀어지기를 몇 번이고 반복하다가 70억 년 후에는 안드로메다은하와 우리은하가 완전히 합체할 것이다. 두 은하 주위에 있는 작은 은하들도 언젠가는 모두 합체해 국부 은하군이 커다란 덩어리, 하나의 은하가 된다.

이 은하의 이름은 밀코메다Milkomeda 은하다. 영어로 우리은하가 밀키웨이milky way이므로 안드로메다와 이름을 합쳐 밀코메다라고 한다. 밀코메다 은하는 작고 수명이 긴 별들로 이루어진 밝은 오렌지색으로 빛나는 타원 은하가 될 것이다. 이렇게 합체하게 되면 안드로메다은하와 우리은하의 중심에 있는 초거대 블랙홀도 합체할 것으로 예상된다.

별과 별은 부딪치지 않는다

은하와 은하가 합체해도 별과 별이 부딪칠 일은 (거의) 없다. 항성 블랙홀이 태양계와 충돌할 일은 없다고 했던 이야기를 떠올려 보자. 별과 별을 자몽 크기로 축소하고 우주 전체도 마찬가지로 축소하면 별과 별 사이의 거리는 일본과 보르네오섬 사이 정도에 해당한다. 그러므로 은하와 은하가 충돌하여 합체해도 별들은 서로를 스쳐 지날 뿐이다. 우리 인간, 그리고 태양과 태양계 및 근방의 항성과 행성도 아무 영향을 받지 않고 그대로 남는다.

우리들의 자손은 충돌로 파란빛이 돌며 하얗게 빛나는 폭발적 별 형성을 어디서 보고 있을까?

또 밀코메다 은하의 일부가 되어 밝은 오렌지색으로 빛나는 밤하늘을 어디서 보고 있을까?

별빛이 꺼질 때까지 어디선가 별들을 올려다보는 인류가 존재하면 좋겠다.

우리은하에는 수천억 개의 항성이 있다. 지구 크기의 행성은 수억 개 있을 것으로 추측된다. 그러므로 지구 바깥에는 상당히 높은 확률로 생명이 존재하리라 생각하는 것이 자연스럽다. 또 지구 크기 행성의 평균 연령은 지구보다 약 20억 년 많다는 사실을 알면 어딘가의 생명체가 별의 에너지를 자유자재로 사용하는 고도의 지적 생명체로 진화할 시간이 충분한 듯하다.

그러나 그 고도의 지적 생명체는 우리 앞에는 나타나지 않는다. 어쩌면 지구의 생태계와 문화의 진화를 방해하지 않도록 나노 기술로 우리를 관찰하고 있을지도 모른다. 또는 지구를 관찰한 후 '지적' 생명체는 없다고 생각해서 완전히 무시하고 있을지도 모른다.

어쩌면 인간과 같은 지적 생명체가 문명에 필요한 기술을 발전시키는 과정에는 커다란 난관이 있고, 이 난관으로 모든 지적 생명체가 전멸(자기파괴?)할지도 모른다. 그렇다면 우리은하 내 고도의 지적 생명체가 없는 이유가 설명된다.

과학 기술의 발전에 있는 난관을 대여과기라고 한다. 만약 고도의 지적 생명체가 없는 이유가 이 대여과기 때문이라면 우리도 언젠가는 전멸하게 된다. 그러면 이 대여과기에 다다르기 전에, 우주를 관찰할 수 있는 지적 생명체는 왜 발견되지 않는 걸까? 어쩌면 발견될지도 모른다.

인류가 본격적으로 지구 바깥의 지적 생명체 탐사를 시작한 것은 대략 50년 전에 불과하다. 탐사가 끝난 우리은하 내 공간과 전파의 주파수 영역은 아직 탐사하지 않은 영역을 지구의 바다에 비유하면 욕조 한 개 분량에 불과하다. 그 안에 물고기가 없다고 해도 그 결과를 두고 결론을 내릴 수가 없다.

2017년 사상 최초로 태양계를 통과해 지나간 항성 간 천체 오우무아무아가

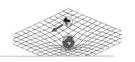

관찰되었다. 인류는 처음으로 항성 간 천체를 만나는 일이라 정체를 밝히지 못한 채 오우무아무아를 놓치고 말았다. 그 후 미확인 비행 현상UAP을 과학적으로 탐사 및 연구하는 프로젝트가 2021년에는 하버드대학에서, 2022년에는 NASA에서 시작되었다. 지적 수준이 미숙한 인류가 프록시마 센타우리에 미니 탐사기를 보낼 계획을 세우고 있는 것이다. 그러므로 다른 지적 생명체의 탐사기나 AI 우주선, 또는 과학 기술 발전의 대여과기가 있다면 멸종한 지적 생명체가 가졌던 문명의 유산을 찾을 수 있을지 모른다.

한편 지적 생명체나 대여과기로 멸망한 문화의 유산이 우리은하에 존재하지 않는다면, 우리 인간은 매우 희귀한 존재가 된다. 그러나 그 경우 생명의 탄생 또는 도구를 사용하는 지적 생물의 진화에 난관이 있었다는 뜻이다. 이것도 대여과기다. 우리 인간의 시점에서 볼 때 미래에 대여과기가 있는 것일까? 또는 과거에 대여과기가 있었던 것일까? 어느 쪽이 더 나을까?

인류가 행성 간 이동을 할 수 있는 고도의 지적 생명체로 진화하기 위해서는 대여과기가 미래가 아니라 과거에 있었어야 한다. 그렇게 되면 우리는 우리은하에서 유일한 지적 생명체라는 논리가 맞다.

어쩌면 대여과기는 미래에도 없고 과거에도 없으며, 수많은 고도의 지적 생명체가 단지 우리은하 내에 숨어 있을 뿐일지도 모른다. 이 경우도 우리 인류가 언젠가 고도의 지적 생명체로 진화할 가능성이 남는다.

다만 우리가 과잉 소비, 환경 파괴, 시시한 경쟁을 계속하는 한 미래의 대여과기는 우리 앞을 가로막을 것이다.

04

Q

암흑에너지로 계속해서 가속 팽창하는 우주의 미래는 어떻게
될까요?

A

우주의 미래는 다음 네 가지로 예상됩니다.
첫째, 텅텅 비어 시간의 방향이 없어진 우주
둘째, 알지 못하는 사이 순식간에 말살되는 우주
셋째, 모든 것이 갈가리 찢기는 우주
넷째, 수축해서 빅 바운스로 다시 태어나는 우주

Message

우리는 한순간밖에 살 수 없지만, 그것은 우주의 과거와 미래를 연결하
는 소중한 한순간입니다.

우주의 최후

암흑에너지와 가속 팽창 우주의 해석에 따르면 우주가 끝나는 방법으로 가장 큰 가능성은 열죽음heat death이다. 그러나 열죽음으로 향하는 도중 진공 붕괴로 우리에게 친숙한 우주가 파괴될지 모른다. 또 빅 립Big Rip으로 끝날 가능성도 완전히 부정할 수 없다. 어쩌면 우주는 가속 팽창에서 수축으로 전환해 빅 바운스Big Bounce로 다시 태어나는 역사를 반복(순환)할지도 모른다. 어떤 종말이 기다리고 있든, 한동안 우주는 계속 가속 팽창할 것이다.

이제부터 이 열죽음, 진공 붕괴, 빅 립, 빅 바운스의 4가지 우주 종말 모형을 순서대로 설명하겠다.

열죽음

현존하는 관측 결과, 도출할 수 있는 우주 종말 중 가능성이 가장 큰 것은 열죽음, 말 그대로 열로 인한 죽음이다. 여기서 열이란 '뜨겁다'라는 의미가 아니라 배기가스처럼 사용 후 발생하는 열로 무언가를 만들거나 움직이는 데에 활용할 수 없다. 열죽음으로 끝날 때의 우주는 매우 차갑고 절대영도(섭씨 영하 273도)에 매우 가까운 온도일 것이다.

다시 말해 열죽음은 우주의 엔트로피가 최대에 달하고 온도가 균일해져 사용할 수 있는 에너지가 전혀 남지 않는 상태를 가리킨다. 그러므로 열죽음을 앞둔 우주에서는 아무 일도 일어나지 않게 된다. 무언가 일을 일으키기 위해 이용하고 사용할 에너지가 점점 없어지기 때문이다.

이제부터 열죽음에 이르기까지 우주의 진화를 따라가 보겠다.

▶은하가 보이지 않게 된다

우리은하가 밀코메다 은하의 일부가 되고 백색왜성이 된 태양이 빛을 잃은 후에도 다른 은하들은 우리에게서 점점 멀어진다. 수조 년 후에는 처녀자리 초은하단에 속하는 은하 외의 모든 은하가 밤하늘에서 사라지게 된다.

▶우주의 사건의 지평선

밤하늘에서 은하들이 사라지는 이유는 광속을 넘어서 점점 가속하는 공간의 흐름에 은하의 빛과 은하 자체가 휩쓸리기 때문이다. 이는 4장에서 이야기한 블랙홀 사건의 지평선과 비슷하다.

공간이 광속 이상의 속도로 움직이기 시작하는 경계가 사건의 지평선이다. 사실 우주에도 사건의 지평선이 있다. 그러나 블랙홀 사건의 지평선과는 달리 우주 사건의 지평선 안으로는 아무것도, 빛조차도 들어갈 수 없다.

그리고 우주를 채운 빅뱅의 잔광조차 우주의 팽창으로 파장이 늘어나서 전혀 관측할 수 없게 된다. 다시 말해 우주의 과거에 대한 정보도 전혀 수신할 수 없게 되는 것이다.

▶항성의 빛이 사라진다

지금부터 100조 년 후, 우주에서 가장 장수한 적색왜성은 백색왜성이 되어 핵융합으로 빛나던 항성들이 우주에서 사라진다. 백색왜성은 수천억 년 후 열복사를 마치고 흑색왜성이 된다.

블랙홀, 중성자성, 흑색왜성 주위에서 살아남은 행성들만 우주에 남는다. 그리고 지구도 한때 태양이었던 흑색왜성 주위에 계속 남아있을지 모른다.

▶은하가 사라진다

지금으로부터 1천조 년 후에는 별(블랙홀, 중성자성, 흑색왜성)로 인한 중력 효과로 모든 행성이 궤도에서 팅겨 나가 뿔뿔이 흩어져 증발한다.

그리고 1백경에서 1천경 년 후까지는 은하의 별들도 서로의 중력 효과 때문에 뿔뿔이 흩어져 증발하고, 무거운 블랙홀은 은하 중심에 있는 초거대 블랙홀로 떨어져서 모든 은하가 사라진다. 암흑물질도 블랙홀로 떨어진다. 떨어지지 않는 암흑물질이 있더라도 아마 쌍소멸로 사라질 것으로 예상된다.

▶원자가 사라진다

지금으로부터 10^{40}년 후까지는 원자핵이 모두 없어지고, 블랙홀과 소립자만이 우주에 남을 것이다. 원자핵을 이루는 양성자의 짝인 중성자는 양성자와 전자, 반뉴트리노로 붕괴하고, 양성자도 양전자와 광자로 붕괴할 것으로 예상된다. 그러나 양성자의 붕괴는 실제 관찰되지 않기 때문에 붕괴까지 걸리는 시간을 정확히 예측할 수 없다.

▶블랙홀이 사라진다

지금으로부터 대략 10^{106}년 후에는 블랙홀들도 작은 것부터 시작해 호킹 복사로 증발한다. 우주에 남는 것은 무질서하게 움직이는 소립자뿐이다. 그 후에도 우주는 계속 가속 팽창할 것이므로, 은하와 빅뱅의 잔광이 우주 사건의 지평선에서 사라지는 것과 마찬가지로 모든 소립자도 사라질 것이다. 암흑에너지만이 지배하는 우주가 찾아온다.

▶시간의 화살이 사라진다

그럼에도 열이 있고 온도가 있으므로 우주는 희미하게 빛난다. 아무것도 없는 공간에 존재하는 우주의 사건의 지평선은 아무것도 없는 공간에 있는 블랙홀 사건의 지평선과 똑같다. 우주 사건의 지평선에도 온도가 있고, 우주는 그 온도인 10^{-30}K의 호킹 복사로 빛난다. 현재 관측 가능한 우주 크기의 30배나 되는 파장의 빛이 사건의 지평선 속, 우리가 있던 우주 공간을 비춘다.

이 시점에서 우주는 최대의 엔트로피에 도달한다. 어디를 봐도 전부 똑같고, 더 이상 아무것도 달라지지 않으므로 시간의 방향마저 없어진다. 이것이 열죽음이다.

▶무한 속의 가능성

엔트로피가 최대인 열죽음에도 시간은 무한하다. 양자적이고 통계적인 면에서 무언가가 일어날 가능성은 남는다. 예를 들어 갑자기 어딘가에서 엔트로피가 낮은 상태가 발생해 생각하는 뇌(볼츠만 두 뇌: 한 사람의 지금까지의 기억을 그대로 가지고 태어나, 그 사람의 '현실'에 그 사람이 살아있다고 생각하는, 다시 말해 그 사람 자체와 구별할 수 없는 두뇌)가 생겨날 가능성이 있고, 양자의 떨림으로 별이나 새로운 우주가 생겨날 가능성도 있다.

가능성은 아주 낮지만, 무한한 시간이 있으면 물리 법칙이 허용하는 한 거의 불가능한 일도 가능해진다. 암흑에너지가 지배하는 우주는 계속 존재하므로 수많은 가능성이 무한한 시간에 걸쳐 현실이 되는 무한한 공간이 남는 것이다.

진공 붕괴

진공 붕괴는 우주가 어떻게 진화하든 일어날 수 있다. 진공이 붕괴한다는 것은 진공의 에너지 상태가 더 안정된 상태로 이동한다는 뜻이다.

▶진공은 무대(장)

진공은 수많은 일이 일어날 가능성을 간직한 다양한 소립자의 무대로 이루어져 있다. 전자의 무대, 광자의 무대, 쿼크의 무대 등이 있다. 예를 들어 광자의 무대는 자석 주위에 철 가루를 뿌리면 간접적으로 볼 수 있는 전자장이다.

힉스장은 힉스 입자라는 소립자의 무대다. 이 힉스장이 진공 붕괴를 일으킬 가능성이 있다.

▶힉스장

2012년 대형 강입자 충돌기 LHC로 발견된 힉스장(힉스 입자)은 소립자에 질량을 부여하는 장이다. 힉스장이 없으면 전자나 쿼크도 질량이 없는 상태이기 때문에 원자가 형성될 수 없다. 그로 인해 별이나 인간도 존재할 수 없다.

질량이란 어떤 물체에 힘을 가할 때 움직이기 어려운 정도를 나타내는 지표이다. 힉스장은 공간을 채우는 진흙과 같은 것으로 생각하면 이해하기 쉽다. 힉스장의 존재는 최고 속도인 광속으로 움직이려는 전자나 쿼크를 힘들게 한다. 그리고 그 움직이기 힘든 정도가 질량으로 나타나는 것이다.

▶진공 붕괴란?

힉스장은 초기 우주에서 현재에 이르기까지 비교적 안정된 에너지 상태를 유지하고 있다. 하지만 힉스장에는 더욱 안정된 에너지 상태가 있는 모양이다. 현재 힉스장의 상태를 산에 비유하면 가장 안정 상태는 산기슭이지만 현재는 산 중턱의 비교적 안정된 골짜기(준안정 상태)에 있다[그림 41].

산 위에서 바위를 굴리면 우선 중턱의 골짜기에 멈추겠지만, 골짜기에 막히지 않았다면 산기슭까지 굴러갈 것이다. 산기슭이 더 안정되어 있기 때문이다.

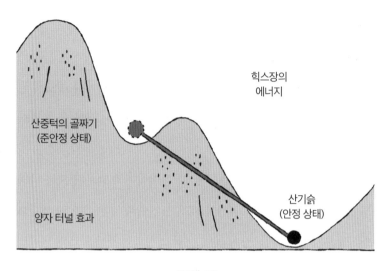

힉스장의
에너지

산중턱의 골짜기
(준안정 상태)

양자 터널 효과

산기슭
(안정 상태)

[그림 41]

그러므로 어떤 방법으로든 골짜기를 넘을 만큼 에너지를 얻으면 언젠가 산기슭의 안정 상태로 이동한다. 이것이 진공 붕괴다.

블랙홀 등 고에너지 현상이 진공 붕괴를 유발한다는 설도 있지만, 외부 요인이 없어도 에너지와 시간의 불확정성으로 언젠가 양자 터널 효과를 내며 그 골짜기를 넘는다. 태양도 양자 터널 효과로 쨍쨍 빛나고 있다는 사실을 기억하자.

현재 힉스장이 전자나 쿼크 등 소립자에 딱 적당한 질량을 부여해서 모든 것이 딱 좋은 균형을 유지하고 있기 때문에 원자가 존재하는 것이다. 원자가 있기에 별이 있고, 생명이 있고, 우리 인간이 있다. 이 힉스장이 진공 붕괴하면 어떻게 될까?

▶진공 붕괴의 거품

어느 날 갑자기 이 힉스장이 우주 어딘가의 골짜기에서 산기슭으로 이동하면, 우선 거기서 작은 거품이 생긴다. 골짜기와 산기슭의 (위치)에너지 차이로 거품이 팽창하고, 주변 힉스장의 상태도 골짜기에서 산기슭으로 끌려 내려온다. 그러나 골짜기를 넘는 일이 쉽지 않으므로 주변은 저항한다. 거품이 작으면 그 저항에 굴복해서 사그라지고 스스로 원래 골짜기로 돌아가 소멸한다. 그러나 거품이 충분히 크면 주변의 저항에 굴복하지 않고 주변을 끌어당겨 광속으로 팽창한다.

그리고 주변 우주에 있는 소립자의 질량을 지금과는 다른 질량으로 덧씌운다. 그렇게 되면 우리가 아는 원자와 분자를 이루는 균형이 무너지고 원자와 분자가 존재할 수 없게 된다. 그로 인해 은하, 별, 행성이 모두 순식간에 사라진다. 그 거품이 태양계에도 찾아오면 지구와 인간도 순식간에 사라질 것이다.

▶진공 붕괴가 우주 어딘가에서 일어나고 있어도 알 방법이 없다

거품은 광속으로 팽창한다. 이 거품이 지구에 찾아오는 일을 사전에 예측하기는 불가능하다. 팽창하는 거품의 표면 위치를 확인하기 위해서는 그 표면이 발하는, 또는 그 표면에 반사되는 빛이나 중력파를 관측할 필요가 있다. 그 신호와 거품의 표면은 모두 광속으로 움직인다. 그러므로 신호가 지구에 도달함과 동시에 지구는 거품에 삼켜지고 만다.

어쩌면 진공 붕괴한 거품이 지금 당장 10광년 밖에서 다가오고 있을지도 모른다. 10광년은 광속으로 10년 움직이면 닿는 거리다. 만약 그렇다면 우리는 아무것도 모르고 있다가 10년 후 태양계 및 지구와 함께 사라질 것이다.

진공 붕괴로 인한 죽음은 블랙홀에서 스파게티가 되어 죽는 방법보다도 더욱 쾌적할지 모른다. 죽음이 다가왔다는 사실을 알 수 없으므로 두려워하지 않아도 되기 때문이다.

한편 이미 진공 붕괴가 일어나고 있고 있다고 해도 우주의 사건의 지평선 바깥에서 일어난다면 우리가 관측 가능한 우주는 안전하다. 사건의 지평선 바깥에 있는 우주는 우리 광속보다도 빠르게 팽창하고 있기 때문이다.

진공 붕괴의 거품은 광속으로 퍼진다. 마치 거친 물살의 반대 방향으로는 아무리 헤엄쳐도 그 물살에 휩쓸리는 것처럼, 진공 붕괴 거품은 공간에 휩쓸려 사건의 지평선을 넘지 못한다.

그러나 진공 붕괴가 사건의 지평선 안에서 발생했다면 우리는 언젠가 진공 붕괴 거품에 삼켜져 파괴될 것이다. 진공 붕괴가 사건의 지평선 안에서 언제 일어날지 정확히 예측할 수는 없다. 확률적으로 볼 때 대략 10^{100}년 후로 예상된다. 가까운 미래에 우리가 사라질 일은 없을 듯하니 일단은 안심해도 된다.

한편 우주가 무한하다면 우주 어딘가에서 이미 진공 붕괴가 일어났을 것이다. 물론 힉스장만 붕괴한다는 보장도 없다. 암흑에너지의 진공도 언젠가는 붕괴할지 모른다.

빅 립

▶암흑에너지가 유령에너지

현재까지의 관찰 결과에 따르면 암흑에너지 밀도는 일정한 듯하다. 그러나 오차 범위 내에서 시간이 변동할 가능성도 있다. 암흑에너지 밀도가 아주 조금씩이라도 증가한다면 우주의 가속은 상상할 수 없을 정도로 빨라질 것이다. 그 결과 공간 자체가 우주 전체를 무참히 찢어발기게 된다.

예를 들어 별과 별 사이에는 공간이 있고, 별과 별은 중력을 통해 성단이나 은하로 묶여 있다. 그리고 그 중력을 이기는 척력으로 공간이 급속 팽창하면 성단과 은하는 모두 갈기갈기 찢긴다. 원자가 텅텅 빈 공간이라고 2장에서 설명했다. 원자는 전자기력을 통해 원자로 묶여 있는데, 그 전자기력을 이기는 척력斥力(같은 종류의 전기나 자기를 가진 두 물체가 서로 밀어 내는 힘)으로 공간이 급속 팽창하면 원자는 갈기갈기 찢긴다.

이렇게 끝나는 우주 모형이 빅 립이다. 빅 립이 일어날 가능성은 매우 낮지만 우주가 빅 립으로 끝나는 시나리오를 이제부터 소개하겠다.

매시간 증가하는 암흑에너지를 유령에너지phantom energy라고 하는데, 빅 립이 찾아오는 시점은 이 유령에너지가 증가하는 방식에 따라 다르게 나타날 것이다. 관측 오차를 허용하는 범위 내에서 유령에너지를 생각하면 가장 빠른 시기는 앞으로 약 2천억 년 후에 일어날 것으로 예상된다.

2천억 년 후면 우리은하가 밀코메다 은하가 되고, 태양의 빛이 사라지고 나서도 한참 나중이다. 빅 립 직전까지 우주는 평온할 것이므로 아직 시간은 많다. 걱정할 필요가 없다.

▶빅 립 직전

빅 립이 일어나기 20억 년 전, 중력으로 묶여 있던 은하단에서 은하가 찢겨 나간다. 우리은하가 속한 처녀자리 은하단도 갈가리 찢길 것이므로 밤하늘의 은하를 관찰하면 빅 립의 예측이 가능하다.

빅 립이 일어나기 1억 4천만 년 전, 중력으로 묶여 있던 밀코메다 은하에서 별들이 찢겨 나간다. 밤하늘은 상당히 어두워질 것이다.

빅 립이 일어나기 7개월 전, 태양계가 찢기기 시작해 행성들이 따로따로 떨어진다.

빅 립이 일어나기 1시간 전, 지구를 포함해 모든 행성이 갈기갈기 찢겨 산산조각이 난다. 인류가 우주 식민지에서 살아남아 모든 과정을 지켜본다고 가정한다.

빅 립 직전, 우주 식민지가 갈기갈기 찢긴다. 이때까지 유령에너지의 마이너스 중력은 천체 규모의 플러스 중력만을 이겼다. 하지만 마지막 순간에는 분자와 원자를 묶는 전자기력도 이기고 원자핵을 하나로 묶는 핵의 힘도 이긴다.

빅 립의 10^{-19}초 전, 인간을 이루는 원자가 전부 찢기고, 원자핵도 전부 찢기고, 우주에는 소립자만이 남는다.

유령에너지로 인한 우주의 가속으로 사건의 지평선은 점점 작아지고, 언젠가 공간의 최소 단위인 플랑크 길이가 되면 한계가 찾아온다. 우주는 빅 립의 특이점이 된다. 극도로 작은 공간에 물체를 밀어 넣는 것이 블랙홀의 특이점이고, 무한대로 물체를 찢어발기는 것은 빅 립의 특이점이다. 이 특이점은 현존하는 물리 법칙을 붕괴시킨다.

그러나 많은 물리학자는 빅 립으로 우주가 끝날 가능성은 낮다고 생각한다.

빅 바운스 · 사이클릭 우주(느린 수축 모형)

▶빅 바운스가 빅뱅

빅 바운스Big Bounce는 우주가 팽창한 후 조금 수축했다가 다시 새로운 우주가 생겨 팽창이 시작되는 순간을 가리킨다. 빅뱅 대신 우주의 시작을 설명하는 우주 모형이다. 빅 바운스로 그전의 우주는 끝나고 새로운 우주가 시작된다. 또 그 우주가 팽창하고 수축한 후 끝을 맞이해 그다음의 새로운 우주가 빅 바운스로 시작되며, 또 그 우주가 팽창하고 수축한 후 끝을 맞이해서 그다음의 새로운 우주가 빅 바운스로 시작된다. 우주의 생성이 영원히 계속된다는 사이클릭 우주 모형이기도 하다.

다양한 빅 바운스·사이클릭 우주 모형이 있는데[19] 최근 주목받기 시작한 느린 수축 모형은 가속 팽창으로 밀도가 낮아진 우주가 조금 수축해서 빅 바운스 한다. 그래서 우주 전체는 점점 커진다.

▶퀸테선스 암흑에너지

빅 바운스 하는 우주에 가득 찬 암흑에너지를 퀸테선스quintessence 암흑에너지라고 한다. 이 에너지의 값은 시간이 지날수록 감소한다. 그러므로 현재 우주는 가속 팽창하고 있지만 언젠가는 감속해 수축하기 시작할 것이다.

▶우주의 수축

앞으로 약 1천억 년 후 우주는 수축하기 시작할 것이다. 그때까지 존속할 인류가 주변 은하를 관측하면, 그전에는 인류에게서 멀어지는 듯 보였던 은하가 방향을 180도 틀어 인류와 가까워지는 듯 보일 것이다.

우주의 수축 속도는 매우 느리다. 빅 바운스 이후 우주는 1천억 년에 걸쳐 10^{30}배로 팽창하지만, 수축 속도는 10억 년에 10분의 1 정도 크기다. 그러므로 우주의 별과 생명이 전혀 영향을 받지 않는 평온한 상태가 지속된다.

▶빅 바운스로 계속해서 다시 태어나는 우주

수축이 시작되고 약 10억 년 후, 우주는 빅 바운스를 시작한다. 퀸테선스 암흑에너지의 값과 함께 변화하는 힉스장과 같은 장이 있다면, 이 장의 에너지가 빅 바운스를 낳는 것이다. 이때 우주의 온도는 10^{28}K다. 이때까지 우리에게 친숙한 현재의 우주가 순식간에 파괴된다. 물론 인류도 순식간에 사라져 모든 것이 끝난다. 그리고 동시에 새로운 우주가 시작된다.

이 빅 바운스 모형에 따르면 우리가 관측할 수 있는 우주는 이전에 가속 팽창하여 밀도가 낮아진 우주(10^{30} 배로 팽창한 우주)의 극히 일부, 원자핵의 1조분의 1 크기에서 탄생한다. 그리고 새롭게 생겨난 우주에는 이전 우주의 빛이나 입자는 남아 있지 않다. 해방된 장의 에너지에서 새로운 빛과 입자가 생겨나는 것이다.

또 새롭게 생겨난 우주에는 이전 우주의 엔트로피도 남아 있지 않다. 빅 바운스는 엔트로피가 낮은 우주의 시작이며, 이 우주의 엔트로피는 점점 증가한다. 그러므로 전과 마찬가지로 빛과 은하가 생겨나고 새로운 생명이 태어난다.

우리도 언젠가 다시 태어날 것이다. 우리가 빅 바운스 우주에 살고 있다면 빅 바운스는 과거에도 무한히 반복되었을 것이고 미래에도 무한히 반복될 것이다. 다시 말해 생명체도 무한히 다시 태어나고 사라지는 것이다.

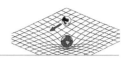

우리는 우주의 한순간밖에 살지 못한다. 우주의 수명은 아무리 짧게 잡아도 약 1천억 년인데, 이것은 인류의 역사인 4백만 년의 2만 5천 배다. 1장에서 빅뱅에서 현재에 이르는 우주 달력을 만들어 보았다. 우주의 최단 수명 1천억 년을 1년의 달력으로 축소해서 우주 달력을 만들어 보면, 인류는 달력에 아직 21분밖에 존재하지 않은 것이 된다.

아주 짧은 시간이지만 이 짧은 시간 동안 우주를 이만큼 이해하고, 끝없는 시간 너머 우주의 종말까지 예측할 수 있게 된 인간의 호기심과 탐구심은 참으로 대단하다.

인간 한 명이 살 수 있는 시간은 이 우주 달력으로 단 0.03초 이하다. 인류는 이 한순간 한순간을 연결해 도구를 발명하고, 도시를 건설하고, 과학 기술을 발전시키기에 이르렀다. 석기로 나무 열매를 쪼개고 아이를 돌보던 어머니의 한순간, 폭군에게 농작물을 거의 다 빼앗겨도 계속 농사를 지었던 농민의 한순간, 가족을 먹여 살리기 위해 도로를 만들고 철로를 놓았던 노동자의 한순간, 이런 과거의 한순간 한순간의 연결로 뉴턴의 한순간과 아인슈타인의 한순간으로 이어졌고 지금에 이르렀다.

한순간 한순간의 연결 덕분에 인류는 우주 138억 년의 역사뿐 아니라 우주의 최후까지 예측할 수 있게 됐다. 한순간 한순간의 연결 덕분에 우리는 별의 아이이며 우주와 연결되어 있다는 사실도 알게 됐다.

인간이 이룬 대단한 성과는 지구상에 살았던 모든 사람이 연결되었기 때문이다. 그렇다면 우리에게 주어진 한순간도 후회하지 않도록 자신답게, 자신의 색깔로 빛내자. 우리의 빛이, 우리의 색깔이, 과거에서 미래로 연결해 나갈 것이다.

COSMOS
THINKING

**우주는 어떻게 시작되었을까?
우주의 바깥에는 무엇이 있을까?**

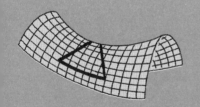

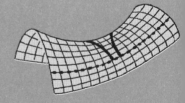

6장

01

Q

빅뱅이란 무엇인가요?

A

우리 우주의 시작을 빅뱅이라고 합니다.

Message

시점에 따라 작은 우리와 큰 우리가 서로 보완하며 우리를 이룹니다.

우주 최초의 빛

우주는 과거나 지금이나 계속 팽창하고 있다. 그 팽창을 되감기 해 보면 과거의 우주는 지금보다 작고 밀도와 온도가 모두 높았을 것으로 추측된다. 고온 고밀도 상태에서 우주가 팽창하고, 냉각되고, 별과 은하가 생겨났다는 것이 빅뱅 우주론이다. 빅뱅이라는 말의 유래도 이 우주론에서 나왔다.[1] 그리고 빅뱅 우주론의 추정대로 고온 고밀도 상태의 우주에서 온 열복사가 우주를 가득 채우고 있다.

초기 우주는 입자와 빛의 고온 고밀도 수프(플라스마)였다. 밀도가 높고 모든 곳에 전자가 존재했기 때문에 빛은 전자에 부딪혀 멀리 움직이지 못했다. 그러나 우주가 시작되고 38만 년 후, 우주 팽창에 에너지를 빼앗겨 전자도 힘을 잃고 온도도 점점 내려가기 시작한다.

그리고 우주의 온도가 3,000K까지 냉각되었을 때 속도가 느려진 전자들이 원자핵(주로 양성자)에 붙잡혀 원자가 생겨난다. 빛의 움직임을 방해하던 전자들이 순식간에 없어지자 공간에 여유가 생겨 빛이 자유롭게 돌아다닐 수 있게 되었다. 이렇게 자유로워진 빛이 우리가 관측할 수 있는 우주 최초의 빛이 된 것이다. 이것이 온도 3,000K의 열복사다.

빅뱅의 잔광을 우주 마이크로파 배경 복사(이하 우주 배경 복사)라고 한다.[2] 3,000K는 프록시마 센타우리의 표면 온도와 똑같다. 당시 우주의 색은 프록시마 센타우리와 비슷한 색이었으며, 우리 눈에는 오렌지색으로 보였을 것이 틀림없다. 그리고 우주 배경 복사의 최고 파장은 가시광선과 파장이 비슷한 적외선이었다.

그러나 그 후에도 우주는 계속 팽창하고 우주 배경 복사의 파장은 공간과 함께 늘어난다. 그 결과 현재 우주 배경 복사의 최고 파장은 대략 2mm로 마이크로파에 해당한다. 현재 우주의 온도 2.7K에 해당하는 열복사의 최고 파장이다.

그러므로 현재의 우주 배경 복사에서 인간의 눈으로 볼 수 있는 색은 없다. 열복사는 모든 파장에서 이루어지므로 엄밀히 말하면 미세한 가시광선이 있으나 우리가 눈으로 볼 수 있는 양은 아니다(인간의 눈이 암흑 속에서 다른 인간을 볼 수 없는 것과 마찬가지다).

우주 배경 복사는 빅뱅의 잔광이다. 보이지는 않지만 우리가 사는 방 하나당 약 100억 개의 빅뱅 광자로 차 있다. 우주에는 이 빅뱅의 잔광이 넘쳐흐른다.

우주의 시작

빅뱅 우주론은 우주의 기원 그 자체를 설명하는 이론이 아니지만, 우리 우주의 시작을 빅뱅이라 부른다. 그러나 과학자를 포함해서 인류는 아직 우주의 시작을 규명하지 못했다.

우주의 진화를 뒤로 감으면 점점 고온 고밀도가 된다. 우리가 정확히 설명할 수 있는 초기 우주의 모습은 지상의 입자가속기로 재현할 수 있는 온도 상태까지다. 그러므로 우주의 시작에 다가가면 다가갈수록, 우주가 고온 고밀도가 되면 될수록 설명하기 어려워진다.

그러면 우주가 시작된 순간을 향해 우주의 팽창을 되감아 보자.

▶우주 탄생 후 38만 년까지

'우주 최초의 빛'에서 설명했듯 팽창과 함께 우주의 온도 및 밀도가 낮아지고 빛이 처음으로 자유롭게 돌아다니게 된다. 이때 우주의 온도는 3,000K다.

▶우주 탄생 후 수십만분의 1초부터

양성자가 생겨났다. 그 이전의 우주는 양성자의 소립자 쿼크와 쿼크를 결합할 힘을 전달하는 글루온의 플라스마로 가득 차 있었다. 이때 우주의 온도는 약 수조K다.

▶우주 탄생 후 수조분의 1초

힉스장이 안정되고, 광자와 마찬가지로 질량이 없었던 쿼크와 전자가 질량을 가지기 시작한다. 또 힉스장이 나타남으로써 전자기력과 약한 상호작용이 별개의 힘이 되었다. 그전에는 이 두 힘이 전약력電弱力(높은 에너지에서 약한 상호작용과 전자기력이 하나로 통합하여 만드는 힘)이라는 하나의 힘이었다. 전자기력은 전기와 자기의 힘이고 원자와 분자를 만드는 힘이다. 약한 상호작용은 원자핵의 방사성 붕괴를 일으키는 힘이다. 이때 우주의 온도는 약 1천조K다.

▶우주 탄생 후 10^{-32}초보다 이전

이 시기의 우주에 관한 확실한 해답은 아직 없다. 다만 다양한 이론(가설)이 있다. 이때 우주는 급속히 가속 팽창하고 있었을 것으로 추측된다(인플레이션 이론). 전약력과 강한 상호작용이 하나의 힘이었다고 추측할 수도 있다(대통일 이론). 강한 상호작용은 쿼크를 결합해 양성자를 만드는 힘(글루온)이다.

▶우주 탄생의 순간

우주에는 전자기력, 약한 상호작용, 강한 상호작용, 중력이라는 네 가지 힘이 있다. 이 힘들은 하나로 통합되었을 것으로 추정된다. 그러나 그 통합된 세계를 설명할 양자중력론은 없다. 또 단순히 우주의 팽창을 우주가 시작되는 순간까지 뒤로 감으면 밀도가 무한대가 되어 3차원 공간이 0차원이 되고 만다. 블랙홀 안과 마찬가지다. 이것 또한 미완성된 양자중력론의 세계다.

정리하면 우주 탄생의 순간, 우주가 어떻게 시작되었는지는 현재로서는 알 수 없다. 그 해답은 우주의 정의에 따라서 달라진다. 우리가 존재하고 우리가 관찰할 수 있는 우주라면 인플레이션 이론으로 설명할 수 있다. 그러나 "우리가 존재하는 우주를 낳은 인플레이션 우주 자체가 어떻게 생겨났는가?"라는 것은 알 수 없다. 양자의 떨림에서 우연히 생겨났을지도 모른다.

어쩌면 우주는 시작 자체가 없을지 모른다. 예를 들어 사이클릭 우주라면 우주 진화의 끝에서 다시 빅뱅(빅 바운스)이 일어나 영원히 빅 바운스가 반복되므로 시작이 따로 필요하지 않다.

또 우리가 존재하는 우주에는 과거의 방향에도 역방향의 우주가 존재할지 모른다. 그렇다면 우주의 시작은 없는 것이 된다. 그 경우 빅뱅은 시작이 아니라 가장 엔트로피가 낮은 상태일 뿐이다.

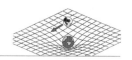

   우주 속에서 인간을 생각하면 너무나 작게 느껴진다. 그런데 인간은 정말 작을까?

   우리가 사는 우리은하에는 수천억 개의 별이 있다. 그리고 우리의 몸(평균적인 성인)은 약 30조 개의 세포로 이루어져 있다. 또 우리의 뇌에는 약 1천억 개의 신경세포가 있고, 100조 개 이상의 통로로 연결되어 있다. 우리를 이루는 세포의 수와 뇌의 통로 수는 모두 우리은하에 있는 별의 수보다 약 100배나 더 많다.

   관측 가능한 우주에는 수조 개의 은하가 있고 합계 약 10^{23}개의 별이 있다. 그리고 우리의 몸은 약 10^{28}개의 원자로 이루어져 있다. 우리는 작지만 크다.

   한편 인간의 존재를 다른 지구 생명체와 비교하면 인간은 너무도 크게 느껴진다. 인간은 정말로 큰 것일까?

   지구상의 총인구는 약 80억 명인 반면 개미의 총수는 그 100만 배 이상이다. 질량으로 비교하면 지구상 모든 인간의 체중과 모든 개미의 체중은 거의 같다. 인간은 오만하고 욕심 많으며 마치 지구의 지배자인 양 행동한다. 그럼 지구는 인간의 땅과 개미의 땅 중 무엇에 더 가까울까? 인간의 몸에는 약 30조 마리의 세균이 살고 있는데, 이것은 인간의 몸을 이루는 세포 수에 필적한다. 그럼 우리는 인간인가? 아니면 세균인가? 우리는 크지만 작다.

   마지막으로 우리는 우주 달력의 0.2초밖에 살지 못하지만, 그 생애 동안 우리의 심장은 수십억 회 고동치고 수억 개의 생각을 할 수 있다. 작은 우리와 큰 우리가 서로 보완하며 우리를 이루는 것이다.

02

우주는 어떤 형태인가요? 무한한가요, 유한한가요?

A

우리 우주의 형태는 한없이 평탄하고 무한히 계속되는 듯합니다.
그리고 무한한 우주에는 우리와 똑같은 도플갱어가 무수히 많이 있습니다
(멀티버스 레벨 1).

Message

무한한 우주에는 우리라고 생각하는 우리가 무수히 많습니다. 그러나 어떤 모습이 될지 결정하는 것은 바로 자신입니다.

우주의 형태

우주의 형태란 우주 전체의 형태를 가리킨다. 이때 블랙홀이나 은하로 인해 뒤틀리는 시공의 작은 요철은 무시한다. 우주를 하나의 형태로 표현하는 이유는 우주가 초은하단 규모라고 했을 때 어느 방향을 봐도 물질과 에너지가 균일하게 분포하기 때문이다. 또 빅뱅의 잔광, 우주 배경 복사도 어느 방향으로나 균일하게 분포한다. 그러므로 최소한 관측 가능한 범위 내에서 우주 공간의 형태는 어느 방향 어느 지점에서나 일정하다고 할 수 있다.

그러나 평탄한 3차원 공간이란 어떤 형태일까? 3차원 사람인 우리는 3차원 공간의 형태를 상상할 수 없으므로 2차원으로 생각할 수밖에 없다. 종이 위와 같이 평탄한 2차원 공간은 비교적 상상하기 쉽다. 반면 닫힌 공간이나 열린 공간이 되면 2차원이라도 상상하기 어려워진다.

이제부터 세 종류의 2차원 공간 형태를 설명하겠다.

평탄한 공간

평탄한 공간이란 평행한 선을 두 개 그었을 때 이 선들이 결코 서로 교차하지 않고 영원히 평행한 공간이다. 그 공간은 전혀 굽어 있지 않으므로 곡률은 0이다. 이것이 평탄한 공간의 정의다.

예를 들어 종이 위는 평탄하다. 종이 위에 평행한 선을 두 개 그어 보자. 그 두 선은 결코 서로 교차하지 않는다[그림 42]. 이번에는 종이를 말아 테이프로 붙여 보자. 원기둥이 생긴다. 그 원기둥의 2차원 표면은 3차원인 우리에게는 구부러져 보이지만, 표면에 평행한 선을 두 개 그으면 영원히 평행하므로 평탄한 공간이다[그림 43]. 토러스라는 도넛 표면과 같은 2차원 공간도 평탄한 공간이다[그림 44].

또 평탄한 공간이란 공간에 삼각형을 그릴 때 삼각형의 세 내각의 합이 정확히 180도가 되는 공간이다[그림 45].

처음 말한 종이에 삼각형을 그려 보자. 원기둥과 토러스 표면에도 삼각형을 그려 보자. 모두 내각의 합이 정확히 180도가 될 것이다.

양의 방향으로 굽은 닫힌 공간

닫힌 공간이란 평행선 두 개를 그었을 때 그 두 선이 언젠가 교차하는 공간이다. 닫힌 공간은 양의 방향으로 굽었다고 표현하며 곡률

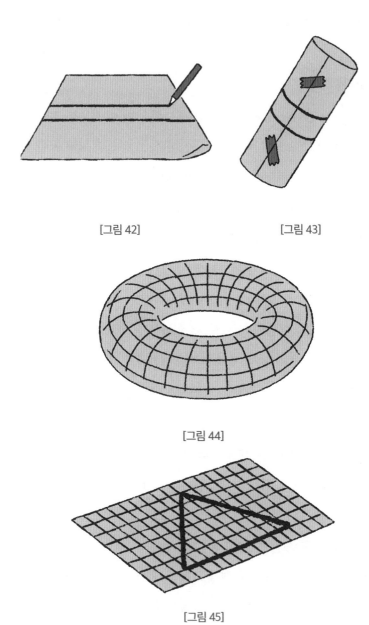

[그림 42]

[그림 43]

[그림 44]

[그림 45]

은 양의 값이다[그림 46].

예를 들어 풍선 표면이나 지구 표면은 양의 방향으로 굽은 닫힌 2차원 공간이다. 지면에 서로 평행한 선 두 개를 남북 방향으로 그어 보자. 이 두 평행선을 북쪽으로 계속 이어가면 북극점에서 서로 만나게 될 것이다(지구는 너무 크니 지구본으로 실험해 보자).

또 닫힌 공간이란 삼각형을 그렸을 때 그 내각의 합이 180도보다 커지는 공간이다[그림 47]. 지구상에도 충분히 커다란, 이를테면 한 변이 수백㎞인 삼각형을 그리면 내각의 합이 180도보다 크게 측정될 것이다.

음의 방향으로 굽은 열린 공간

열린 공간이란 평행한 선 두 개를 그었을 때 그 두 선이 서로 점점 멀어지는 공간이다. 열린 공간은 음의 방향으로 굽었다고 표현하며 곡률은 음의 값이다[그림 48].

예를 들어 프링글스 감자칩(콧수염 아저씨가 그려진 원통형 용기에 든 감자칩)의 표면은 음의 방향으로 굽은 열린 2차원 공간이다. 프링글스에 평행선 두 개를 그어 보자. 두 선은 서로 점점 멀어진다. 프링글스의 표면(쌍곡면)이 음의 방향으로 굽은 열린 공간이기 때문이다.

또 열린 공간이란 삼각형을 그렸을 때 그 내각의 합이 180도보다 작은 공간이다[그림 49]. 프링글스 표면에 삼각형을 그려 보자. 내각

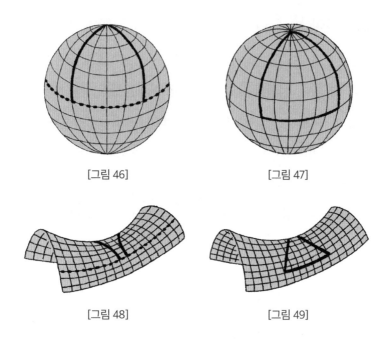

[그림 46]

[그림 47]

[그림 48]

[그림 49]

을 측정하면 합이 180도보다 작다.

2차원의 규칙은 3차원에도 적용되므로, 3차원 우주 공간의 형태도 평행한 두 선의 모습과 삼각형 내각의 합을 측정하면 알 수 있다.

삼각형을 그려 우주의 형태를 측정하면 우주는 평탄하다

우주에 그릴 수 있는 가장 큰 삼각형은 우리에게서 가장 멀리 떨어진 빛, 우주 배경 복사의 구조와 우리를 연결하는 삼각형이다. 그 삼각형 내각의 합을 측정하면 정확히 180도다. 평탄한 공간에 그린 삼각형 내각의 합이 정확히 180도이므로 우주는 평탄하다는 사실을 알 수 있다. 이제부터 실제로 무엇을 관찰하는지, 어떻게 측정하는지 순서대로 설명하겠다.

우주 배경 복사는 온도가 2.725K인 거의 완벽한 열복사이지만 그 값의 0.001% 범위에서 온도의 기복이 관측된다.[3] 이 온도 변동은 당시 원자가 형성되고 빛이 자유로워지기 직전, 입자와 빛의 플라스마 움직임이 만들어 낸 것이다. 그러므로 이 변동 중 가장 큰 것은 당시 지름이 약 50만 광년이었던 플라스마 덩어리였다고 계산할 수 있다.

이 변동의 크기를 밑변으로 삼아 하늘에서 관찰되는 삼각형을 그려 보자[그림 50]. 삼각형의 높이는 우주 배경 복사가 시작된 뒤 관측자인 우리에게 닿기까지 걸린 거리이므로 '138억 광년-38만 광년'이다. 우주 탄생에서 지금에 이르기까지 빛이 움직일 수 있었던 거리가 138억 광년이고, 빛이 자유롭게 움직이기 시작한 것은 우주 탄생 38만 광년 후이기 때문이다.

이렇게 해서 삼각형의 밑변과 높이를 알아냈다. 이 삼각형의 내각의 합이 정확히 180도가 되기 위해서는 관찰자가 측정하는 대각이 이론적으로 1도여야 한다.

다시 말해 우리가 볼 때 우주 배경 복사의 변동 폭이 정확히 1도라면 우주가 평탄하다고 할 수 있다.

한편 우주가 닫혀 있다면 내각의 합은 180도보다 커지므로 이 대

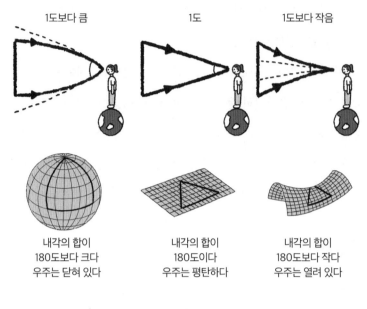

| 1도보다 큼 | 1도 | 1도보다 작음 |

| 내각의 합이
180도보다 크다
우주는 닫혀 있다 | 내각의 합이
180도이다
우주는 평탄하다 | 내각의 합이
180도보다 작다
우주는 열려 있다 |

[그림 50]

각은 1도보다 커진다. 닫힌 우주는 양의 방향으로 굽어 있으므로 돋보기(오목렌즈)와 같이 온도의 변동이 실제보다 크게 보인다. 반면 우주가 열려 있다면 내각의 합은 180도보다 작아지므로 이 대각은 1도보다 작아진다. 열린 공간은 음의 방향으로 굽어 있으므로 교차로나 커브길에 있는 반사경(볼록렌즈)과 같이 온도의 변동이 실제보다 작게 보인다.

윌킨슨 마이크로파 비등방성 탐색기WMAP와 플랑크 우주망원경 Planck의 관측 결과를 바탕으로 온도 변동의 대각을 계산하면 99.6%의 정확도로 딱 1도라는 걸 알 수 있다.

우주의 형태는 평탄하다. 우주가 평탄하지 않은 0.4%의 가능성을 고려해도 우리가 관측 가능한 우주의 크기(930억 광년)의 250배 범위 안에서 한없이 평탄하다.

우주의 총에너지로 우주의 형태를 알 수 있다

또 우주의 위치에너지와 운동에너지의 총량에서도 우주의 형태를 확인할 수 있다. 우선 우주의 중력 위치에너지는 우주의 물질과 에너지의 밀도를 측정하면 계산할 수 있다. 중력 위치에너지(가능성의 에너지)는 음의 값이다. 다음으로 우주의 운동에너지(움직임의 에너지)는 우주의 팽창 속도(허블 상수)를 측정하면 계산할 수 있다. 이를 근거로 우주의 총에너지는 '위치에너지+운동에너지'로 나타낸다.

우주의 총에너지가 딱 0이라면 우주 공간은 평탄한 공간이 된다. 총에너지가 음의 값인 경우, 즉 물질과 에너지의 양이 많아서 위치에너지의 절댓값이 운동에너지보다 큰 경우 우주 공간은 닫힌 공간이 된다. 반대로 총에너지가 양의 값인 경우, 즉 물질과 에너지의 양이 적어서 위치에너지의 절댓값이 운동에너지보다 작은 경우 우주 공간은 열린 공간이 된다.

다양한 관측 결과를 통해 우리의 우주 총에너지가 0이라는 사실을 알 수 있다. 그래서 우리 우주의 형태는 평탄하다. 물론 관측값에 오차가 있으므로 아주 조금 닫히거나 열려 있을 가능성도 부정할 수 없다. 하지만 관측 가능한 우주를 넘어 우주는 한없이 평탄하다고 말해도 좋을 것이다.

평탄한 우주는 무한한가, 유한한가?

평탄한 우주에 끝은 있을까? 우리는 관측 가능한 우주의 정보밖에 얻을 수 없으므로 관측 불가능한 우주 어딘가에 '끝'이 있다고 해도 알 도리가 없다. 그럼 '끝'이란 무엇일까? 벽일까? '끝'이 있다면 그 너머에는 무엇이 있을까?

천문학자들은 우주에 '끝'이 없다고 한다. 이때 공간이 무한히 펼쳐져 있다면 물론 '끝'이 없겠지만, 공간이 유한해도 '끝'이 없는 경우가 있다. 이를테면 지구의 2차원 표면에도 '끝'은 없다. 지구상에서 아무리 걸어도 공간의 끝에 부딪히는 일이 없기 때문이다. 지구의 표면은 '끝'이 없는 동시에 표면적이 유한한 닫힌 공간이다.

평탄하고 유한하며 '끝'이 없는 2차원 공간도 있다. 도넛 모양 토러스의 표면을 예로 들 수 있다[그림 44]. 유한하고 '끝'이 없는 3차원 공간은 3차원 사람인 우리에게 가시화할 수는 없으므로 2차원으로 생각해 보자. 토러스의 표면 같은 평탄하고 유한한 공간에서는 한 출발점에서 평행선을 점점 길게 그으면 평행한 채로 언젠가 출발점으로 돌아온다. '끝'은 없지만 유한한 공간이기 때문이다.

그러므로 우주에도 완전히 똑같은 은하에서 나온 빛이나 우주 배경 복사의 빛이 서로 다른 방향에서 관측된다면 우주는 유한하다고 할 수 있다. 그러나 그 증거는 없다. 한편 관측 가능한 우주의 외부에서는 빛이 오지 않으므로 엄밀히 말하면 우주는 무한하다고 말하는 것이 옳을 듯하다.

다음 파트에서 이야기할 인플레이션 이론으로 우주 배경 복사의 관측 결과를 해석하면 우리 우주는 무한하다고 여겨진다. 이제부터 우리 우주는 평탄한 동시에 무한하다고 가정하고 이야기하겠다.

관측 불가능한 무한 우주의 모습

관측할 수 없는 무한한 우주는 관측 가능한 우주 내의 다양한 관측 결과와 그 결과를 설명하는 이론으로 추측할 수 있다. 공룡을 본 사람이 한 명도 없지만 발굴된 뼈로 공룡의 존재와 모습, 생태를 자세히 추측할 수 있는 것과 비슷하다.

우선 관측 가능한 우주 내의 은하 분포는 어느 방향을 봐도 수억 광년 단위(초은하단 규모)로 볼 때 균일하다. 중심도 없고 특별한 지점도 없다. 관측 가능한 우주의 경계를 넘어가면 그 균일한 은하의 분포가 갑자기 달라질 수 있을까? 물리적 근거가 없으므로 경계를 넘어가도 똑같은 은하의 분포가 펼쳐지리라 생각하는 것이 자연스럽다. 또 우주 배경 복사에서 관찰되는 초기 우주의 모습도 930억 광년에 걸쳐 거의 똑같다. 930억 광년의 경계를 넘으면 갑자기 우주 배경 복사의 분포가 달라질 것으로 생각하는 것이 오히려 부자연스럽지 않을까?

또 우주 배경 복사에는 0.001% 이하의 온도 변동이 있다. 이 변동의 크기와 양상은 모두 무작위이며 중심도 없고 구조도 없다. 다음 파트에서 설명할 인플레이션 우주론으로 해석하면 우주 배경 복사의 변동은 우주가 태어난 에너지장에 있는 양자의 무작위 떨림이다. 어느 방향을 봐도 무작위로 떨리는 인플레이션장에서 우리 우주가 탄생했다면, 우리가 관측할 수 있는 우주뿐 아니라 관측할 수 없는 우주에서도 똑같이 떨림이 있을 것이다. 그리고 관측 불가능한 우주도 같은 물리 법칙 아래 똑같은 재료(양성자, 전자, 빛 등)로 이루어졌을 것이다.

우주 배경 복사에서 관찰되는 초기 우주 온도의 변동은 원자가 생겨났을 때의 원자 가스 밀도의 변동과 비례한다. 이 밀도의 떨림에서 중력으로 물질이 모여들고 은하가 생겨났다. 이 밀도의 변동은 우주 구조의 씨앗과 같다. 이 씨앗이 무작위로 어디에서나 균일하게 분포한다면, 무한한 우주에도 우리가 관측 가능한 우주에서 볼 수 있는 은하 분포가 펼쳐져 있으리라고 추측할 수 있다.

도플갱어

관측 가능한 우주가 어느 방향으로나 똑같이 은하가 분포하는 무한한 우주 일부라고 해 보자. 그렇다면 우리와 완전히 똑같은 도플 갱어들이 우주 어딘가에 무수히 존재할 것이 틀림없다. 그 이유는 다음과 같다.

첫째, 무한한 우주 어딘가에 똑같은 입자로 이루어진 별과 은하가 있을 것이다.

둘째, 특정한 공간 내에 존재하는 입자 수는 한계가 있다. 예를 들어 우리가 관측 가능한 우주 내 양성자 수는 약 10^{80}개다.

셋째, 무한한 우주의 어디에나 각각 관측 가능한 우주가 있고, 모든 관측 가능한 우주 내에는 똑같은 종류와 똑같은 수의 입자가 있다. 그 입자로 이루어진 은하의 양상은 유한하며, 마찬가지로 은하 안의 별과 생명의 양상도 유한하다. 그리고 지구와 같이 생명이 존재하는 행성의 양상도 유한하고 인간의 양상도 유한하다. 그러므로 우리라는 인간이 반복되는 것이다.

이를테면 집에 서츠 4장, 바지 4장, 양말 4켤레, 구두 4켤레밖에 없다면 옷 입기의 양상은 4×4×4×4=256가지가 된다(옷 입기에 관한 정보의 상한). 매일 다른 조합으로 옷을 입는다면 256일째 이후로 더 이상 다르게 입을 수 없어 똑같은 조합으로 되돌아가야 한다.

마찬가지로 우리가 관측 가능한 우주에서 반복되는 구조의 양상이 관측 불가능한 우주 어딘가에서 반드시 반복되고 있을 것이다. 다시 말해 우리은하에 속한 태양계의 지구에 있는 '우리'라는 양상이 필연적으로 반복되는 것이다. 그리하여 우리의 도플갱어가 무수히 존재하게 된다.

어쩌면 나의 도플갱어는 예멘에 태어나 아랍어를 할 수도 있고, 일본에 태어나 일본어를 하며, 완전히 똑같은 가족과 함께 완전히 똑같은 환경에서 1초 1초가 나와 완전히 똑같은 인생을 살고 있을지도 모른다. 복권에 당첨되어 프랑스에 있는 성에서 살 수도 있고, 은행 강도였다가 잡혀 교도소에 갔을 수도 있다.

그러면 어디까지 가야 우리의 도플갱어를 만날 수 있을까?

우주 영역[4]에서 가능한 구조의 양상(입자의 조합)은 상한이 10의 10^{122}가지다. 다시 말해 무한한 우주에서 우리의 우주 영역과 똑같은 크기의 영역이 10의 10^{122}개 있다면 그 끝에는 우리와 완전히 똑같은 우주 영역이 있는 것이다. 그 거리는 10의 10^{122}m다. 그곳에는 우리 은하가 있고, 태양계가 있고, 지구가 있고, 완전히 똑같은 우리가 있다. 주변 환경은 다르지만 입자 양상이 완전히 똑같은 우리의 도플갱어는 조금 더 가까이 있을 것이라고 계산된다.[5]

이처럼 무한한 우주에는 우리의 모든 가능성을 구현한 도플갱어들이 무수히 존재한다. 그러나 서로가 각 우주의 사건의 지평선으로 나뉘어 있으므로 아쉽게도 우리는 도플갱어를 만날 수 없다.

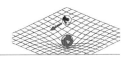

무한한 우주에는 우리와 완전히 똑같은 환경에서 똑같은 1초 1초를 살며, 지금 이 문장을 읽고 있는 우리가 무수히 존재한다. 모든 우리는 자신이 진짜고 나머지는 도플갱어라 생각한다. 그러므로 모든 도플갱어가 '우리'라고 결론 내릴 수 있다.

그러나 10분 후 다른 행동으로 다른 인생을 살게 되는 우리도 나온다. 다시 말해 우리의 모든 가능성을 구현한 무수히 많은 우리가 무한한 우주에 존재하는 것이다. 우리는 어떤 우리일까? 스스로 선택할 수 있으므로 선택을 하자. 자신이 되고 싶은 사람이 되면 된다.

03

✦

Q

우리 우주 외에도 우주가 존재하나요?

A

인플레이션 이론이 옳다면 영원히 급속 팽창하는 인플레이션 공간에서
거품우주가 계속 생겨납니다. 그중 하나가 우리 우주입니다(멀티버스 레벨 2).

Message

우주는 무한, 어리석음도 무한, 사랑도 무한합니다.

인플레이션

인플레이션이란 우주 탄생 직후의 급속 가속 팽창이다. 인플레이션이라는 말을 들으면 물가 상승을 떠올리는 사람이 많겠지만 우주의 인플레이션은 경제의 인플레이션과 비교조차 되지 않는다. 세계 경제 최악의 인플레이션은 1개월 동안 물가가 400조 배 뛰었다고 하는데, 우주의 인플레이션은 10^{-32}초 이내에 공간을 10^{26}배 이상으로 팽창시킨다. 세균 크기의 공간이 순식간에 우리은하만큼 커지는 것이다.

인플레이션 이론의 직접적 증거는 아직 없다. 다만 인플레이션 이론으로 우주 배경 복사의 관측 결과에 나타나는 우주의 지평선 문제와 평탄성 문제를 해결하고 우주 배경 복사의 온도 변동을 설명할 수 있다.

지평선 문제

우주 최초의 빛, 빅뱅의 잔광인 우주 배경 복사의 온도는 관측 가능한 우주 내에서 거의 일정하다. 우주 배경 복사가 시작된 당시 관측 가능한 우주 크기는 8천4백만 광년이었다.

광속보다 빠른 이동은 불가능하다. 당시 입자와 빛이 움직일 수 있던 최대 거리는 고작 150만 광년이었다. 이 150만 광년을 지구에서 관측하면 달의 크기보다 4배 정도(2도)에 불과한데, 우주 배경 복사는 하늘에서 360도 어느 방향을 관찰해도 거의 일정하다. 서로의 존재를 몰랐던 우주의 두 지점이 어떻게 0.001% 범위에서 완전히 똑같은 온도가 되었을까? 이것이 지평선 문제다.

온도란 입자의 평균 운동 에너지를 숫자로 나타낸 지표다.

관측 가능한 우주의 온도가 똑같아지려면 당시 관측 가능한 우주의 끝에서 끝까지 입자와 빛이 이동해 서로 정보(에너지)를 교환했어야 한다.

이를테면 더운 여름날 섭씨 40도까지 상승한 방을 상상해 보자. 그럼 에어컨을 켜도 곧바로 방 전체가 시원해지지는 않는다. 에어컨에서 나오는 차가운 공기 분자가 주위의 뜨거운 공기 분자와 에너지를 교환해야 비로소 방 전체의 온도가 균일해진다.

우주의 온도도 마찬가지다. 우주의 팽창을 단순히 뒤로 감기만 해서는 이 지평선 문제를 해결할 수 없다.

평탄성 문제

초기 우주에서 우주의 형태가 조금이라도 양의 방향으로 굽어 닫혔다면, 팽창하기 시작한 우주 공간은 급속히 닫히고 수축해서 은하가 생겨나기 전에 무너졌을 것이다. 한편 우주의 형태가 조금이라도 음의 방향으로 굽어 열렸다면 팽창하는 우주 공간은 급속히 열려 텅텅 비고 말았을 것이다. 이 두 경우 모두 은하를 만드는 일은 불가능하다.

이론적으로 은하나 별이 형성되기 위해 우주는 거의 완벽하게 평탄한 상태에서 시작해야 한다. 우주의 형태를 평탄하게 만드는 물질과 에너지의 밀도는 따로 있다. 그런데 우주 탄생 1초 후 우주의 밀도가 1천조 분의 1 이하 오차 범위에서 우주를 평탄하게 만드는 밀도를 벗어날 경우, 은하나 별은 형성될 수 없다.

실제로 현재 우주의 평균 밀도를 측정하면 우주는 평탄하고, 또 우주 배경 복사의 관측 결과를 봐도 우주는 평탄하므로 우주는 생겨난 순간부터 계속 평탄했던 듯하다. 그러나 우주가 왜 평탄하게 생겨나야만 했는지 명확한 이유는 없다.

인플레이션이 해결한다

우주가 인플레이션으로 급속 팽창했다고 가정하면 그전의 우주는 매우 작았다. 우리가 관측 가능한 우주도 작아서 끝에서 끝까지 정보 교환이 가능했을 것이다. 그 결과 우주 배경 복사의 온도가 일정해지고 지평선 문제도 해결된다.

또 우주가 어떤 형태로 시작되었더라도, 이를테면 오이 모양이나 고질라 모양이었더라도 10^{26}배 이상으로 늘어나면 우리가 관측 가능한 범위의 우주는 매끈하고 평탄해진다. 그러므로 평탄성 문제도 해결할 수 있다.

인플레이션을 낳는 진공에너지(인플라톤장)

이 인플레이션의 에너지원은 암흑에너지와 마찬가지로 공간 자체에 있는 진공에너지로 여겨진다. 인플레이션을 일으키는 진공에너지로 가득 찬 공간은 인플라톤장[6]이며 진공에너지는 공간을 팽창시킨다. 공간이 팽창해서 커지면 커질수록 총에너지양이 커지므로 팽창은 점점 가속한다.

그 진공에너지가 어떻게 생겨났는지는 알 수 없지만, 공간의 최소 단위에 불확정성 원리가 허용하는 범위 안에서 이 진공에너지가 생겨났다는 것만은 확실하다. 그로 인해 우주가 생겨나고, 급속 팽창이 시작되고, 거대하게 성장하는 일이 가능해진다.

양자 떨림이 우주 배경 복사의 떨림

또 인플레이션은 우주 배경 복사의 0.001% 온도 변동도 설명할 수 있다. 인플라톤장도 불확정성으로 에너지가 떨리기 때문이다. 이 양자 떨림이 인플레이션을 통해서 우주 규모로 연장되었다고 가정해 보자. 그 결과 입자와 빛의 플라스마의 떨림을 계산하면 우주 배경 복사의 관측값에 나타나는 떨림 양상과 일치한다.

인플레이션이 우리의 우주를 낳는다

인플레이션을 낳는 인플라톤장이 고에너지 상태인 한 인플레이션은 계속된다. 그 인플레이션 공간에서 인플라톤장이 고에너지 상태에서 저에너지 안정 상태로 이행하면, 그곳에서는 인플레이션이 멈추게 된다. 그때 해방되는 에너지에서 입자가 생겨난다고 가정하는데 힉스장과 빅 바운스 장의 붕괴와 비슷하다. 그렇게 해서 우리가 사는 은하와 별과 생명으로 넘쳐나는 거품우주가 생겨났다고 가정한다[그림 51].

왜 인플라톤장이 존재할까? 왜 우주는 인플라톤장의 고에너지 상태에 있었을까? 이런 질문의 답은 유감스럽게도 알 수 없다. 인플레이션 이론은 우주 배경 복사의 관측값과 일치하고 우주론으로서 가장 많은 신뢰와 인정을 받고 있으나 직접적인 증거는 없다. 그러므로 인플레이션보다 우주의 탄생을 더 정확히 설명할 이론이 나중에 등장할지도 모른다.[7]

한편 나중에 인플레이션 이론이 추정하는 시공의 떨림이 낳는 원

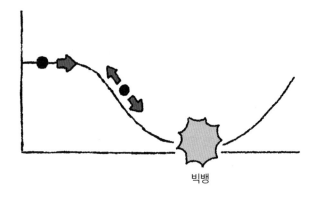

인플라톤장

빅뱅

[그림 51]

시 중력파와 그 중력파가 우주 배경 복사에 남긴 궤적(편광)이 관찰되면 인플레이션 이론을 부정하기 어려워질 것이다.

인플레이션은 영원히 계속되며 거품우주을 만들어 낸다

인플레이션은 한 번 시작되면 영원히 계속되는 듯하다. 영원히 인플레이션을 일으키는 공간에서는 마치 탄산수병 뚜껑을 열면 생겨나는 거품처럼 거품우주가 부글부글 생긴다. 우리 우주는 영원히, 무한히 생겨나는 거품우주 중 하나에 지나지 않는 것이다.[8]

이것이 레벨 2 멀티버스다. 도플갱어가 무수히 존재하는 무한 우주 멀티버스 레벨 1은 무한히 생겨나는 거품우주 중 하나일 뿐이다. 그래서 레벨을 높여 레벨 2로 부른다.[9] 인플레이션 이론이 옳다면 인플레이션은 영원하며 우리는 레벨 2 멀티버스의 무수한 거품우주 중 하나에 살고 있다.

인플레이션을 일으키는 공간을 제어하는 인플라톤장의 에너지는 떨리고 있으므로, 인플레이션 공간 내의 어느 지점이냐에 따라 에너지가 낮은 골짜기에 도달하는 시간은 다르다. 그래서 골짜기에 빨리 도달한 지점들에서 그 에너지 차로 인한 거품이 생겨난다.

에너지는 저에너지 방향뿐 아니라 고에너지 방향으로도 떨린다 [그림 51의 화살표]. 그러므로 인플레이션 공간이 인플라톤장의 골짜기를 향하는 도중 에너지가 높아져 다시 급속 팽창을 시작하는 지점도 있다.

거품우주에 삼켜지는 공간에서 반드시 다시 급속 팽창하는 공간이 생겨나, 인플레이션 공간은 영원히 계속해서 인플레이션을 일으키게 된다. 그 결과 영원히 계속되는 인플레이션 공간에서 영원히 거품우주이 생겨난다.

무수한 거품우주로 이루어진 멀티버스 레벨 2

1초에 얼마나 많은 우주가 생겨나는지 간단히 계산해 보자. 현재 관측되는 우주의 상태를 인플레이션으로 설명하려면 공간이 10^{-32}초 이내에 최소 10^{26}배로 팽창해야 한다.

10^{-32}초는 1초를 100,000,000,000,000,000,000,000,000,000,000으

로 나눈 시간이므로 상상을 초월하는 짧은 시간이다.

어느 시점에서 1㎡의 인플레이션 공간에 거품우주가 하나 생겨났다고 가정해 보자. 거품우주는 급속 팽창하는 인플레이션 공간에서 독립해 감속 팽창한다. 그 거품우주가 생겨나고 10^{-32}초 후에 인플레이션 공간은 10^{26}배 팽창해 10^{78}㎡가 된다. 거품우주가 생겨날 확률이 공간의 크기에 비례한다고 가정하면, 이 10^{78}㎡의 인플레이션 공간에는 약 10^{78}개의 거품우주가 생긴다. 이 거품우주들이 생겨나고 10^{-32}초 후 인플레이션 공간은 계속 급속 팽창해 10^{156}㎡(10^{78}의 제곱)가 된다. 거기서 다시 10^{156}개의 거품우주가 생겨난다. 그 결과 거품우주 하나가 생겨난 1초 후에는 대략 10의 10^{34}개의 거품우주가 생겨나는 것이다.

여기서는 1㎡의 공간을 가지고 계산했지만, 최초의 크기가 얼마든 거기서 생겨나는 거품우주의 수는 똑같다. 거품우주가 하나 생겨난 공간은 계속 인플레이션을 일으켜 1초 후에는 10^{34}개의 거품우주를 만든다. 현재 우리 우주는 138억 년이 지났으므로 그만큼 거품우주의 수는 헤아릴 수 없을 만큼 많을 것이다.

멀티버스 레벨 2 속의 멀티버스 레벨 1

인플레이션을 일으키는 공간에서 생겨나는 거품우주를 인플레이션 공간에서 보면 시간이 지날수록 부풀어 오르는 비눗방울과 같다.

인플라톤장이 저에너지에 달한 지점이 거품우주 속이고, 거품우주 바깥의 인플레이션 공간이 순서대로 저에너지 상태에 달하기 때문이다. 그러나 거품우주는 비눗방울처럼 터지지 않는다. 거품우주와 인플레이션 공간의 경계(비눗방울 표면)는 무한한 시간 동안 무한한 공간으로 확산한다.

한편 인플레이션 공간의 시간의 잣대와 거품우주 내 시간의 잣대는 다르다. 거품우주 안에서 인플레이션 공간의 경계를 보면 이 경계는 새롭게 거품우주의 일부가 되고, 해방되는 에너지에서 입자가 생겨나는 지점이므로 시간의 시작인 빅뱅이다. 인플레이션 공간에서 볼 때 무한히 확장하므로 거품우주에서 보면 무한한 경계에서 시간이 시작되는 것이다. 우리의 거품우주는 무한한 공간으로 시작되어 계속 무한한 상태다. 우리는 거품우주 내의 위치에서 우리에게 관측 가능한 우주밖에 관측할 수 없다. 그러므로 실제로 볼 수 있는 것은 그 경계의 일부다. 다시 말해 멀티버스 레벨 2에서 생겨나는 각각의 거품우주는 무한한 멀티버스 레벨 1이다.

다양한 거품우주

인플라톤장의 저에너지 골짜기는 한 종류가 아니다. 9차원 공간이 필요한 초끈이론에 따르면 10^{500}종류의 골짜기(진공 상태)가 예상된다.[10] 우주의 진공 상태는 다양한 골짜기, 즉 저에너지 상태를 향해 움직이므로 거품우주는 10^{500}종류나 되는 저마다 다른 거품우주다. 예를 들어 소립자의 종류가 다르거나, 소립자의 질량이 다르거나, 소립자에 작용하는 힘의 크기가 다르거나, 공간의 차원이 다른 우주다.

멀티버스 레벨 2에 있는 우리의 거품우주

거품우주가 10^{500}종류 있어도 은하가 생겨나고, 별이 빛나고, 생명이 존재하는 우주는 매우 드물다. 이를테면 암흑에너지 밀도가 0에 한없이 가깝지 않다면 은하나 별은 생겨날 수 없다. 공간 차원이 4차원 이상 존재하면 궤도(상태)가 안정되어 있지 않기 때문에 원자나 태양계가 생겨날 수 없다. 반대로 2차원 이하라면 복잡한 생명이 존재할 수 없다. 전자기력이 우리 우주보다 4%만 더 커도 태양이 맹렬하게 핵융합을 일으켜 순식간에 폭발하기 때문에 생명이 탄생할 시간이 없다. 핵의 힘이 우리 우주보다 0.5%만 더 크거나 작아도 별이 탄소나 산소를 융합하지 못하므로 인간이 생겨날 수 없다.

우리 우주는 3차원 공간이고, 전자와 양성자에 딱 적절한 질량이 있고, 각 입자에 작용하는 네 가지 힘이 균형을 유지하기 때문에 원자가 생겨나고 우리가 있다. 그런 이유로 우주가 10^{500}종류나 있다고 해도 모든 우주에서 우리와 같은 생명체가 생겨나지 못하는 것이다.

다른 거품우주로 갈 수는 없다

우리 우주와 다른 거품우주는 광속 이상의 속도로 인플레이션을 일으키는 공간으로 가로막혀 있기 때문에 다른 거품우주에서 오는 정보가 우리에게 전혀 도달하지 못한다. 다시 말해 거품우주와 거품우주 사이에는 통신이나 교류가 완전히 불가능하다.

영화 〈스파이더맨〉이나 〈닥터 스트레인지〉처럼 멀티버스(레벨 2) 사이를 이동하는 일도 불가능하다. 영화에서도 최소한 물리 상수가 완전히 똑같은 우주 사이만을 이동하므로 그 부분은 납득할 수 있다. 그렇지 않은 다른 우주로 이동하면 스파이더맨과 닥터 스트레인지는 눈 깜짝할 사이에 소멸하고 말 것이다.

다른 거품우주와 충돌하지 않는다(예외 있음)

SF 영화에 나오는 것처럼 거품우주끼리 서로 충돌해서 멸망하는 일은 일어날 수 없다. 두 거품우주가 충돌하려면 우리 거품우주가 생겨난 순간 그곳에 아주 가까운 10^{-49}m 이내 지점에 또 하나의 거품우주가 생겨야 한다. 거품우주 밖 인플레이션 공간의 확장이 그만큼 빠르기 때문이다.

그런 근거리에서 거품우주가 두 개 생겨날 가능성은 거의 없다. 만에 하나 그런 거품우주 두 개 충돌한다면 그 충돌한 궤적이 우주 배경 복사에 남아 관찰할 수 있을지 모른다. 다만 충돌했다고 해도 그 궤적은 우리가 관측 가능한 우주의 바깥에 있어서 보이지 않을 가능성이 크다. 아쉽게도 현시점에서 그런 궤적은 어디에서도 관찰되지 않는다.

우주의 바깥

현재의 우주 관찰 결과에서 도출되는 우리 우주는 무한하다. 또 인플레이션 이론에 따르면 거품우주의 시작도 무한하고 끝도 무한하다. 다시 말해 우리가 볼 때 우주의 바깥은 없다.

한편 인플레이션 이론에 따르면 인플레이션 공간에서 본 우리의 우주는 유한하고, 그 바깥에는 인플레이션 공간이 있다. 그럼 그 바깥이 있다면 인플레이션 공간을 낳은 양자의 떨림이 있을까? 그렇다면 그 장은 다시 무한할까? 이는 그 누구도 모른다.

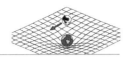

아인슈타인은 "이 세상에는 무한한 것 두 가지 있다. 우주와 인간의 어리석음이다. 그러나 우주는 무한하다고 단언할 수 없다."라고 말했다. 인간은 무수히 서로 죽이고, 약탈하고, 침략하고, 파괴한 역사에서 교훈을 얻어야 함에도 여전히 전쟁을 일으키고, 낭비하고, 차별하고, 괴롭히고, 시기하고, 비비꼬인 마음을 먹고, 현실을 외면하고, 자신보다 아래인 사람들을 만들고, 환경을 파괴하는 등 확실히 어리석은 면이 무한히 존재한다.

그러나 인간은 어리석음이 무한함과 동시에 사랑도 무한하다. 무한한 사랑의 양이 무한한 어리석음의 양보다 커지면 사랑이 어리석음을 통제할 수 있지 않을까?

03

Q

평행세계는 존재하나요?

A

양자역학의 다세계 해석에 따르면 평행세계는 존재합니다.
점심 식사 전에는 동일 인물이었던 내가, 이를테면 점심으로 피자를 먹은
내가 있는 세계와 소고기덮밥을 먹은 내가 있는 세계로 분기합니다.
그리고 나는 서로 다른 두 사람이 됩니다(멀티버스 레벨 3).

Message

우리는 무수한 가능성이 서로 겹친 파동입니다. 유전이나 혈통의 결과가
아닙니다.

우주는 파동?

우주를 이루는 기본 요소가 파동이라면, 파동으로 이루어진 별과 우리도 곧 파동이다. 더불어 우리와 별로 이루어진 우주 전체도 파동이다. 그리고 그 우주의 파동(파동함수)을 전부 진화시키면 수없이 많은 세계인 평행세계가 존재하게 된다.

전자는 파동, 원자도 파동

전자는 파동이다. 파동의 흔들림의 높이(진폭)는 전자가 '특정한 상태'에 있을 확률(엄밀히는 흔들림의 높이×흔들림의 높이가 확률이다)을 나타낸다. 또 파동은 서로 겹칠 수 있다. 이를테면 연못에 돌을 던지면 파문이 동그라미 모양으로 퍼지는데, 그 부근에 돌 하나를 더 던지면 그 돌이 만든 파문과 이전의 파문이 겹치며 높아지기도 하고 낮아지기도 한다.

원자 속 전자는 그 원자를 채우는 파동이므로 전자는 정해진 위치에 있지 않다. 여러 위치에 있는 전자의 파동을 전부 겹친 결과가 원자 속 전자의 파동이다. 이때 파동의 높이는 그 전자가 각각의 위치에서 관찰될 확률을 나타낸다.

한편 전자와 빛의 양자뿐 아니라 그보다 큰 원자와 분자도 파동이며, 상태가 서로 겹쳐 간섭을 일으킨다는 사실이 실험을 통해 밝혀졌다. 양자로 이루어진 원자와 분자가 파동이라면 원자와 분자로 이루어진 고양이와 사람, 그리고 행성과 같은 커다란 물체도 파동으로 나타낼 수 있을 것이다.

그러나 고양이와 사람, 행성의 위치가 전자처럼 여러 위치의 겹침으로 나타나는 것을 본 사람은 없다. 고양이와 사람, 행성과 같은 거시적인 물체는 반드시 정해진 위치에 있다.

왜 양자와 같은 미시적인 세계에서는 겹침이 관찰되는데 우리의 거시적인 세계에서는 겹침이 보이지 않을까? 그 진실을 밝히기 위해 에르빈 슈뢰딩거[11]의 유명한 사고실험, 슈뢰딩거의 고양이를 생각해 보자.

슈뢰딩거의 고양이

이 사고실험[12]에서는 고양이가 죽은 상태와 살아있는 상태의 겹침을 만든다. 외부의 에너지가 출입할 수 없는 격리된 상자에 고양이를 넣고 중성자가 붕괴하면 독가스가 방출되는 장치를 설치한다고 상상해 보자[그림 52].

중성자는 미시적인 양자다. 원자핵 바깥의 중성자는 불안정해서 평균 12분 후에 양성자와 전자, 반뉴트리노로 붕괴한다. 이 붕괴는 양자의 과정이다.

이 중성자의 상태는 붕괴하지 않은 상태와 붕괴한 상태의 겹침이며 다음과 같이 하나의 파동으로 나타낸다.

<붕괴하지 않음> OR <붕괴함>

[그림 52]

'OR'은 '겹침'을 뜻한다.

처음에 중성자는 전혀 붕괴하지 않은 상태다. 〈붕괴하지 않음〉
의 확률(파동의 높이)은 100%고 〈붕괴함〉의 확률(파동의 높이)은 0%
다. 그러나 시간이 지나면서 중성자의 파동이 진화해 파동의 높이
가 달라진다. 10분이 지나면 〈붕괴하지 않음〉과 〈붕괴함〉 모두
50% 확률이 된다. 그 후에도 파동은 계속 진화해 확률(파동의 높이)이
점점 역전된다.

상자 안에는 이 중성자의 붕괴를 감지하고 독가스를 방출하는 장
치가 있다. 이 장치는 중성자의 상태와 떼려야 뗄 수 없는 관계다.
이를테면 독가스가 나오지 않는다면 붕괴가 일어나지 않았다는 뜻
이고, 붕괴가 일어난다면 독가스가 반드시 나온다.

어느 한쪽의 상태가 다른 하나의 상태를 결정하는 뒤얽힌 관계
다. 이 관계를 '얽힘entanglement'이라고 한다.

'얽힘'은 AND로 나타내며 중성자와 독가스 장치는 다음과 같은
하나의 파동으로 나타낼 수 있다.

<붕괴하지 않음 AND 독가스가 나오지 않음> OR <붕괴함 AND 독가스
가 나옴>

AND로 이어진 두 '얽힌' 상태는 'OR', 즉 '겹침'으로 존재한다.

마지막으로 상자 속에는 고양이도 있으므로 고양이도 '얽힘'이다. 중성자가 붕괴하기 전에는 독가스가 나오지 않으므로 고양이는 살아있다. 하지만 중성자가 붕괴하면 독가스가 나오므로 고양이는 죽는다. 그러므로 상자 속의 상태를 나타내는 파동은 다음과 같다.

<붕괴하지 않음 AND 독가스가 나오지 않음 AND 고양이가 살아있음> OR <붕괴함 AND 독가스가 나옴 AND 고양이가 죽음>

다시 말해 상자에는 살아있는 고양이와 죽은 고양이가 겹쳐 존재하는 것이다. 그러나 우리는 고양이의 '겹침'으로 반은 살아있고 반은 죽은 고양이를 절대 볼 수 없다. 상자를 열어 고양이를 보면 반드시 살아있거나 죽었거나 둘 중 하나다.

그렇다면 상자를 열지 않으면 고양이는 살아있는 동시에 죽은 것일까? "말도 안 돼! 양자역학에 어딘가 잘못된 부분이 있는 거야!"라는 슈뢰딩거의 외침이 이 사고실험, 슈뢰딩거의 고양이를 낳았다.

결잃음

슈뢰딩거 고양이의 문제는 1980년 '결잃음decoherence'이라는 이론을 통해 해결되었다.[13] 결잃음이란 그 무수한 무작위의 얽힘으로 겹침이 흩어져 사라진다는 뜻이다. 고양이는 누군가(무언가) 그 상자를 열어 보든 보지 않든, 반드시 살아있거나 죽었거나 둘 중 하나로 정해져 있다.

슈뢰딩거의 사고실험에서는 상자 속의 환경, 즉 무수한 빛과 공기 분자는 무시했다. 그러나 이 환경, 장치와 고양이도 얽힌 상태[AND]임을 생각해야 한다. 이 무수한 광자와 공기 분자가 저마다 장치 및 고양이와 무작위로 얽히면[AND] 파동의 겹침이 상쇄되어 상자 속의 'OR' 관계가 없어지는 것이다. 그러므로 상자 속에는 다음과 같은 두 세계 중 하나만 존재하게 된다.

<붕괴하지 않음 AND 독가스가 나오지 않음 AND 고양이가 살아있음 AND 환경 1>

<붕괴함 AND 독가스가 나옴 AND 고양이가 죽음 AND 환경 2>

결잃음은 10^{-20}초 이하의 빠른 속도로 완성되므로 인간의 뇌가 결잃음 이전의 겹침을 보는 일은 불가능하다. 따라서 환경이 존재하는 한 고양이나 인간 등 거시적 물체는 결잃음의 겹침 상태를 유지할 수 없다. 그러므로 고양이는 죽었거나 살아있거나 둘 중 하나다.

세계는 사라지는 것인가? 늘어나는 것인가?
환경이 전혀 없다면, 그래서 결잃음이 없다면 살아있는 고양이와 죽은 고양이의 겹친 상태가 가능하다. 여기서 문제를 내 보겠다.

결잃음이 일어나면 그전에 존재했던 두 가지 상태(산 고양이와 죽은 고양이) 중 하나는 이 우주에 남고 하나는 이 우주에서 사라진다고 해석하면 될까? 아니면 결잃음 후 하나의 파동(세계)이 두 개의 파동(세계)으로 분기해 한 세계에서는 고양이가 살고 다른 한 세계에서는 고양이가 죽는다고 해석하면 될까?

다세계 해석(멀티버스 레벨 3)

결잃음으로 세계는 사라지는 것인가? 아니면 늘어나는 것인가? 후자의 해석을 다세계 해석[14]이라고 한다. 다세계 해석은 우주를 하나의 겹침 파동(파동함수)으로 나타내는 것에서 시작한다. 이를테면 상자를 열어 고양이를 보는 우리도 상자 속 파동의 일부이고, 1분 후 우리의 방에 들어오는 사람도 파동 일부이다. 우리와 만나는 모든 사람, 우리 발밑의 지구도 파동 일부이므로 우주 전체를 하나의 파동으로 나타내야 한다.

다세계 해석에서는 우주 파동의 결잃음이 새로운 우주(세계)를 낳는다고 생각한다. 그러니까 슈뢰딩거의 고양이 실험을 하면 산 고양이가 있는 우주와 죽은 고양이가 있는 우주라는 두 가지 우주로 세계가 분기한다. 물론 우리도 두 세계로 분기해서 산 고양이를 보는 우리와 죽은 고양이를 보는 우리가 된다. 물리 법칙으로 허용되는 모든 가능성은 우주에서 사라지지 않고 존속한다는 것이 다세계 해석이다.

다세계 해석에서 우주의 분기는 상상을 초월하는 속도로 빈번히 이루어진다. 우주 어딘가에서 서로 겹친 양자 상태가 주변과 얽혀 결잃음이 일어날 때마다 우주가 분기하기 때문이다.

이 분기의 횟수를 정량화할 수는 없다. 예를 들어 인체에서 방사성 붕괴로 탄소 하나가 질소로 변하면 그 사람이 두 세계로 분기한다고 가정해 보자. 이때 분기한 그 사람과 그 사람은 완전히 똑같은 기억을 가지고 있다. 아마 이 둘은 다음 순간에도 똑같이 생각하는 완전한 동일 인물일 것이다. 일란성 쌍둥이가 동일한 세포에서 분열하는 것과 마찬가지다. 그러나 시간이 지나면 두 사람은 서로 다른 환경과 얽혀 점점 다른 사람이 된다. 일란성 쌍둥이가 세포분열을 거듭해 태어난 후로도 다른 환경에서 자라는 것과 비슷하다. 겉모습을 보고 혼동할 수는 있어도, 일란성 쌍둥이가 서로 동일 인물이라고 간주하는 사람은 없다. 마찬가지로 무수한 세계에 있는 무수한 우리도 저마다 독특한 개인이 된다.

우리의 가능성과 확률, 그리고 선택과 미래

이것이 멀티버스 레벨 3이다. 멀티버스 레벨 3은 인간의 관점에서 세계가 분기한다고 해석하지만, 실제로는 우주를 나타내는 하나의 파동이 있을 뿐이다. 다만 그 파동 안에 무수히 많은 우주의 양상과 무수히 많은 우리의 양상이 존재한다.

이 파동은 물리 법칙(슈뢰딩거 방정식)을 따라 진화하기 때문에 모든 우주의 양상, 모든 우리의 양상이 이미 가능성으로 준비되어 있다. 이를테면 오늘 점심으로 피자를 먹은 나는 인도네시아에서 바다거북과 생태계를 보호하는 활동가가 될 가능성이 커지고, 소고기덮밥을 먹은 나는 일본에서 첫 여성 총리가 될 가능성이 커진다.

이것은 어디까지나 비유다. 우리가 어떤 선택을 할 때 어떤 우리가 될지는 아무도 모른다. 미지의 세계이다. 다세계 해석에서 우주 파동이 진화한 결과인 우리의 양상과 그 확률을 계산하는 일은 불가능하기 때문이다. 이를테면 사람 한 명만 해도 대략 10^{28}개의 원자로 이루어져 있다. 관측 가능한 우주에는 대략 10^{80}개의 원자가 있음을 생각하면 계산에 필요한 정보를 얻기는 불가능하다는 사실을 알 수 있다.

우리가 어떤 우리가 될지는 알 수 없으므로 그 방향이 미래다. 그리고 알 수 없기에 자유로운 선택, 자유의지가 존재한다. 알 수 없기에 우리의 선택 하나하나가 우리의 미래를 결정해 나간다.

다세계로 갈 수는 없다

분기한 세계로 갈 수는 없고, 분기한 세계의 다른 양상이 우리와 연락하거나 만날 수도 없다. 만약 과거로 시간여행을 할 수 있다면 과거의 우리를 만나고, 거기서 분기한 세계에서 과거의 우리와 함께 있는 일이 가능할지 모른다. 7장에서 과거로 가는 시간여행을 살펴보겠다.

멀티버스 레벨 1과 멀티버스 레벨 3

멀티버스 레벨 1과 멀티버스 레벨 3을 비교하면 레벨 3이 더 상상을 초월하는 이론으로 느껴진다. 그러나 레벨 1은 무한이므로 레벨 3에서 존재할 수 있는 세계는 이미 레벨 1의 어딘가에 실현되었을 것이다.

멀티버스 레벨 1의 우주 양상에는 우주 사건의 지평선으로 인한 상한(10의 10^{122})이 있다. 우리가 사는 세계의 분기에도 우리가 모르는 상한이 있다고 추측된다.

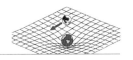

우리의 가능성은 물리 법칙에 반하지 않는 한 (거의) 무한하다. 그 여러 가능성의 겹침이 바로 우리다. 현실에서는 모든 가능성이 우리 앞에 펼쳐져 있다. 우리가 어떤 세계로 갈지는 아무도 알 수 없다. 하지만 되고 싶은 우리가 될 수 있는 세계도 수없이 펼쳐져 있다. 그러니 매 순간 자신의 선택을 소중히 여기자. 자신이 되고 싶은 세계를 향해 나아가면 된다.

뇌과학적으로도 우리의 가능성을 생각할 수 있다. 인간의 뇌에는 약 1,000억 개의 신경세포가 있다. 각 신경세포는 연결을 통해 100조 개 이상의 경로를 만들어 정보를 교환한다. 항상 새로운 신경세포가 생성되고 새로운 경로가 만들어진다. 어떤 경로는 강화되고 어떤 경로는 버려진다. 이렇게 우리의 뇌 회로, 커넥톰Connectome(뇌 속에 있는 신경 세포들의 연결을 종합적으로 표현한 뇌 회로도)은 끊임없이 변화한다. '지금 무엇을 할까?', '무엇을 생각할까?'라는 1초 1초의 선택에 따라 뇌는 변화해간다.

또 '어떤 환경과 어떤 사람과 얽힐까?'라는 1초 1초의 선택에 따라 뇌도 변화해 나간다. 우리가 달라지는 것이다. 그러므로 우리는 유전의 결과가 아니다. 우리가 가진 무수한 가능성으로 우리 자신을 만들어가는 것이다. 되고 싶은 사람이 될 수 있는 것이다. '아빠를 닮아서 이래.' '엄마를 닮아서 저래.' '핏줄이 어떻다저떻다.'라는 말은 이제 그만하자. 그런 시시한 소리에 휘둘려서는 안 된다.

우주를 배워 코스모스 씽킹으로 자기 자신과 주변 사람들, 사회와 지구를 다시 바라보자. 그렇게 하면 우리는 되고 싶은 우리가 될 수 있다.

03

Q

우리의 세계가 전부 시뮬레이션일 가능성이 있나요?

A

우리의 세계는 어쩌면 시뮬레이션일지도 모릅니다.

Message
좋아하는 일을 추구하며 자신답게 살아야 합니다.

현실과 가상현실

매트리스를 빈틈없이 깐 바닥에서 5㎝ 정도 위에 폭 40㎝, 길이 5~6m 정도의 두툼한 판자를 고정한다. 이 판자 끝에서 끝까지 걸을 수 있을까? 거의 모든 사람이 문제없이 걸을 것이다.

이번에는 VR 고글을 쓰고 똑같은 판자 위에 선다. VR 고글에서는 엘리베이터에 타고 지상 80층까지 올라가는 영상이 나온다. 엘리베이터 문이 열리면 그 바깥은 허공이다. 판자가 허공에 떠 있는 것이다. 이 판자 끝에서 끝까지 걸을 수 있을까?

이 가상현실을 실제로 체험한다면 몸이 얼어붙어 제한 시간 내 판자 끝에서 끝까지 걸을 수 없다. 실제 이 판자는 바닥에서 5㎝ 높이에 있는 넓은 판자이고, 게다가 주변에는 매트리스가 빈틈없이 깔려 있다. 그리고 진행요원이 나를 받쳐 준다는 사실을 머릿속으로는 이해하고 있다. 그럼에도 발이 떨어지지 않는 것이다.

현실^{reality}이란 무엇일까?

고작 VR 게임에서도 공포로 몸을 움직이지 못하는데, 시뮬레이션의 질을 더 높이면 우리는 현실과 시뮬레이션을 구별할 수 있을까? 우리는 꿈속 세상과 현실을 구분하지 못할 때도 있다. 어쩌면 우리는 이미 시뮬레이션 된 의식으로 시뮬레이션 된 세계에 살고 있는지도 모른다. 그 가능성을 완전히 부정할 수는 없다.

시뮬레이션

인간의 뇌를 시뮬레이션하기 위해서는 1초에 100조에서 그 1천 배 횟수의 계산 처리(연산)가 가능한 컴퓨터가 필요하다.[15] 그리고 인류의 역사 전체를 연속적으로 시뮬레이션(선조 시뮬레이션)한다면 대략 10^{33}번에서 10^{36}번의 계산이 필요하다.

행성이나 항성의 에너지를 지배하는 고도의 지적 생명체가 존재한다면 행성 크기의 컴퓨터를 만드는 일이 가능할 것이다. 이를테면 목성 크기의 컴퓨터라면 초당 10^{49}번의 계산이 가능하므로 인류의 과거에서 미래에 이르는 뇌와 그 환경을 수십억 번 이상 시뮬레이션할 수 있다.[16] 양자 컴퓨터라면 노트북 컴퓨터 정도의 크기라도 시뮬레이션할 수 있을지 모른다. 인간이 시뮬레이션을 눈치채면 그 이후의 계산(모든 기억)을 소거하고 다시 계산하면 그만이다.

옥스퍼드대학교의 철학자이자 이론물리학자인 닉 보스트롬의 시뮬레이션 논법에서는 다음과 같은 세 가지 판단(명제)이 존재하며 그 중 하나가 옳다고 가정한다.

첫째, 지적 생명체는 행성이나 항성의 에너지를 지배하는 문명을 구축하기 전에 멸망한다.

둘째, 그 문명을 구축한 고도의 지적 생명체는 자신과 다른 진화의 역사, 조건이나 환경을 갖춘 고도의 지적 생명체의 역사를 시뮬레이션하는 데 관심이 없다. 이것을 선조 시뮬레이션이라고 한다.

이 논리에 따르면 우리가 선조 시뮬레이션이 가능한 과학 기술을 발견하고(첫째가 부정됨), 선조 시뮬레이션을 시작하면(둘째가 부정됨) 동등한 지혜를 갖춘 시뮬레이션 내의 인류도 마찬가지로 선조 시뮬레이션을 시행한다. 그리고 그다음 세대도 또 선조 시뮬레이션을 실시한다. 그 관점에서 본다면 결과적으로 우리 자신이 시뮬레이션일 확률이 매우 높은 것이다.

인류가 멸망하지 않고 성간문명星間文明을 구축할 가능성을 믿는다면, 우리도 하나의 시뮬레이션일 가능성도 높아진다는 사실을 받아들여야만 한다.

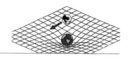

시뮬레이션은 지워질 가능성이 있다. 그러므로 언제나 늘 자신답게, 자신이 좋아하는 일을 추구하며 인생을 즐기자.

COSMOS
THINKING

시간여행을 하고 싶다면?

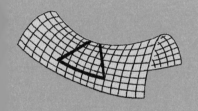

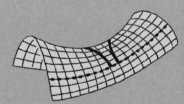

7장

01

Q

미래로 시간여행을 할 수 있나요?

A

어떤 속도로든 움직이면 남들보다 먼저 미래로 시간여행을 할 수 있습니다.
시공의 경로가 시간을 결정하므로 지름길로 가면 되는 것입니다.

Message

미래로 시간여행을 했다고 더 오래 살 수 있는 것은 아닙니다. 누구에게
나 평등하게 찾아오는 1초 1초를 소중히 여깁시다.

시공의 경로

미래로 가는 시간여행은 쉽다. 실제로 우리는 매 순간 미래로 시간여행을 하고 있다.

남들보다 빨리 미래로 가고 싶다면 남들보다 더 많이 움직이면 된다. 공간 속을 움직이면 시간 방향으로 움직이지 못하게 되어, 움직이는 사람의 시간은 움직이지 않는 사람의 시간보다 더 천천히 흐르기 때문이다.

다만 움직임은 상대적이어서 시점에 의존하므로 내 시점에서는 남들이 움직이고 있는 것이 된다. 그러므로 내 시점에서 보면 타인의 시계가 천천히 움직이고, 타인의 시점에서 보면 내 시계가 천천히 움직인다. 그럼 두 사람이 서로 만나 시계를 비교해 보면 누구의 시계가 더 느릴까?

각 시계의 움직임은 두 사람이 어떻게 시공 속을 움직였느냐 하는

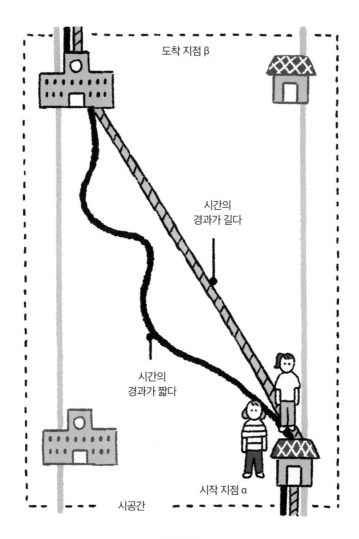

도착 지점 β

시간의
경과가 길다

시간의
경과가 짧다

시작 지점 α

시공간

[그림 53]

324

경로에 따라 결정된다. 경로가 길면 길수록 시간의 경과가 짧다.

예를 들어 시공 내에서 나와 내 친구가 집(α 지점)에서 학교(β 지점)까지 서로 다른 경로로 이동한다고 생각해 보자[그림 53]. 그림 속 시공의 좌표는 좌우가 공간이고 위아래가 시간이다. 시간의 축은 지구상의 시간, 즉 집(시작 지점 α)과 학교(도착 지점 β)의 시계가 나타내는 시간이다. 집의 시계와 학교의 시계가 가리키는 시간은 같은 시공인 이유로 완전히 똑같다.

그러나 이 시공 좌표는 움직이는 나와 친구의 시간 경과를 나타내는 것이 아니다. 시간은 개인적이며 개별적이기 때문이다.

나와 친구는 집의 시계로 똑같은 시각에 출발해서, 학교의 시계(집의 시계와 똑같음)로 똑같은 시각에 학교에 도착한다. 다양한 경로를 생각할 수 있는데 친구는 시공 내에서 집과 학교를 직선으로 연결하는 길[그림 53의 사선]로 이동하고, 나는 여기저기 들르며 많이 움직였다고[그림 53의 검은색 길] 가정한다.

그 결과 시공의 경로가 길었던 내 시간의 경과는, 시공의 경로가 짧았던 친구의 시간 경과보다 짧아진다. 이리저리 돌아다니며 여기저기 들른 사람일수록 시공의 똑같은 도착 지점에 그 사람에게 짧은 시간에 다다를 수 있는 것이다. 다시 말해 상대방의 미래로 갈 수 있는 것이다. 바꾸어 말하면 학교에 도착했을 때 여기저기 들렀던 사람이 조금 더 젊다.

그러나 우리가 일상생활에서 시공의 경로 차이로 인한 시간 경과의 차이를 느낄 일은 없다. 이를테면 NASA의 쌍둥이 우주비행사 중한 명인 스콧은 시속 2만 8천km(초속 8km)로 움직이는 국제 우주정거장에서 1년을 지냈다. 스콧은 지구에 남은 다른 쌍둥이 마크보다 얼마나 젊을까? 고작 0.01초다. 이것은 이론적인 값일 뿐 실제 연령의차이를 측정한 것은 아니다. 한편 공간 내의 속도가 빨라지면 빨라질수록, 빛의 속도에 가까워지면 가까워질수록 시간 경과의 차이는현저해진다. 우주 규모나 소립자 규모에서는 시간 경과의 명확한 차이를 정확히 측정할 수 있다.

쌍둥이 역설은 없다

'쌍둥이 역설'이 있다. 쌍둥이 우주비행사 중 한 명인 마크가 광속의 5분의 4에 해당하는 속도로 움직이는 우주선을 타고 4광년 거리에 있는 프록시마 센타우리로 향한다고 가정해 보자. 한편 마크의쌍둥이 형제인 스콧은 지구에서 마크의 귀환을 기다린다.

물체의 움직임은 상대적이므로 스콧이 본 마크는 광속의 5분의 4속도로 움직인다. 그러나 마크가 보면 스콧(스콧과 지구)이 광속의 5분의 4 속도로 자신에게서 멀어진다. 마찬가지로 움직이는 물체(사람)의 시간의 흐름도 상대적이므로 스콧에게는 움직이는 마크의 시계가 느려지는 듯 보이지만 마크에게는 스콧의 시계가 느려지는 듯 보인다. 그러면 마크가 지구에 돌아와 스콧과 재회했을 때, 마크가 보기에는 스콧보다 마크 자신이 더 나이 들었고, 스콧이 보기에는 마크보다 스콧 자신이 더 나이 든 것이 될까? 이것이 쌍둥이 역설이다. 쌍둥이 역설은 두 사람의 시공 경로를 비교하면 전혀 역설이 아니다. 시공도를 통해 마크와 스콧의 시공 내 경로를 생각해 보자.

우선 지구의 시공도[그림 54, 왼쪽]를 이용한다. 스콧은 지구상에 있으므로 시간의 방향으로 똑바로 나아갈 뿐이다. 시간의 축 위에 있는 사선이 스콧의 경로다. 한편 마크는 4광년 떨어진 프록시마 센타우리로 간 후 유턴해 지구로 돌아오므로 마크의 경로는 회색 길이

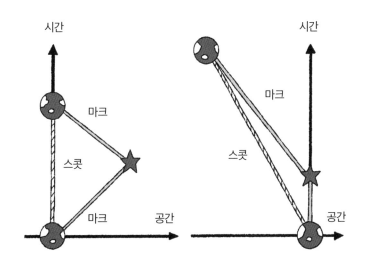

[그림 54]

다. 마크의 경로는 스콧의 경로보다 길다. 경로가 길면 시간의 경과가 짧으므로 재회했을 때 마크가 더 젊을 것이다.

어느 시공도에서 경로를 비교하든 결과는 똑같다. 광속의 5분의 4 속도로 프록시마 센타우리로 향하는 우주선의 시공도[그림 54, 오른쪽]에서도 마크의 경로(회색)가 스콧의 경로(사선)보다 길다.

마크가 출발했을 때 두 쌍둥이는 32세였다. 그러나 마크가 돌아오면 마크는 아직 37세인 상태로, 자신보다 3년 4개월 더 나이 들어 40세가 된 스콧과 재회하게 될 것이다. 스콧도 마크가 자신보다 3년 4개월 더 젊다는 사실을 알아차릴 것이다(지구 및 프록시마 센타우리에서의 가속과 감속을 무시하고 계산했으나, 마크가 더 젊다는 결과는 똑같다). 여기에 역설은 없다. 마크는 스콧과 지구의 미래로 시간여행을 한 것이다. 움직이면 미래로 시간여행을 할 수 있는 것이다.

똑같이 1초 1초를 거쳐 미래로 간다

시간이 느려진다는 것은 몸의 시계도 마찬가지로 느려진다는 뜻이므로, 움직인다고 결코 더 오래 살 수 있는 것은 아니다. 누구나 자신의 1초 1초를 거쳐 미래로 향한다. 그러나 각자의 1초가 가지는 폭이 서로 다르다. 그 서로 다른 1초를 통해 미래로 움직이는 것이다. 움직임으로써 더 빠르게 상대방의 미래에 도달할 수 있다.

시공에서 여기저기 들러 미래로 가는 일을 일본의 옛날이야기에 나오는 우라시마 다로에 빗대 우라시마 효과라고 한다. 우라시마 다로가 용궁에 갔다가 돌아와 보니 자신이 알던 모든 사람이 늙어 죽고 없다는 이야기이다. 우라시마 다로가 갔던 용궁이 어쩌면 우주선인지도 모른다. 우주선이 광속으로 3년간 이동했다면 우라시마 다로가 지구에 돌아왔을 때 지구에서는 700년이 흘러 있었다고 물리 법칙으로 설명할 수 있기 때문이다. 그러나 우라시마 다로도 원래 수명보다 오래 산 것은 아니다. 3년 동안 술과 여자에 취해 있다가 700년 후 미래의 지구에 더 빨리 도착했을 뿐이다.

그러나 이 이야기의 결론은 물리 법칙에 어긋난다. 보석 상자를 열자 우라시마 다로가 순식간에 늙어 할아버지가 되었다고 하는데 그런 일은 일어날 수 없다. 주변 사람들이 보기에 우라시마 다로가 순식간에 늙어 버린 듯 보여도 (이를테면 우라시마 다로만 제외하고 지구를 포함한 모든 것이 광속에 가까운 속도로 움직이는 경우 등) 우라시마 다로 자신은 순식간에 늙었다고 믿지 않는다. 시간의 흐름은 상대적이고 개인적이지만, 우라시마 다로의 1초 1초와 우리의 1초 1초는 다른 모두와 마찬가지로 평등하게 찾아오기 때문이다.

어떤 입자의 조합으로 태어나고, 시공의 어느 지점에 태어나고, 어디서 자라날지 등 인생의 초기 조건은 개인이 선택할 수 없다.[※] 그러나 그 후 1초 1초 동안 무엇을 할지, 무엇을 생각할지, 어떤 사람이 되려는지, 어떤 방향으로 나아갈지는 선택할 수 있다. 자신의 존재 의의는 자신이 만들고, 자신의 가치는 자신이 정하는 것이다. 1년 전의 자신보다, 일주일 전의 자신보다, 1초 전의 자신보다, 원하는 모습에 더 가까워지면 된다. 그러므로 누구에게나 평등하게 찾아오는 1초 1초를 소중히 여겨야 한다.

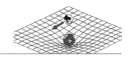

※ 아동 포르노에 빠져서 체포된 사람의 뇌를 관찰하니 성적 충동을 억제하는 부분에 종양이 있었고, 그 종양을 제거하자 성적 충동이 멈췄다는 예가 있다. 다른 아이들을 놀이기구에서 밀쳐 떨어뜨리는 유아의 뇌를 관찰하니 공격성을 억제하는 부위에 종양이 있었고, 그 종양을 제거하자 공격성이 없어졌다는 예도 있다. 사람은 저마다 초기 조건이 다르고, 1초 1초를 선택하고 통제할 수 없는 측면도 있다는 사실을 기억하자.

그리고 인간은 야구공이 아니므로 초기 조건은 매우 복잡하고 원인을 쉽게 규명할 수 없다. 유전자의 조합도 복잡하고, 자궁 내의 다양한 환경 및 돌연변이로 인한 영향도 있다. 그리고 인간이 태어나 자라는 사회와 환경의 영향은 더욱 복잡하다는 사실을 기억해야 한다. 그러므로 안이하게 타인을 책망하거나 책임을 추궁할 수 없다.

한편 명확하지 않은 원인으로 타인에게 상처를 주는 사람들은 사회에서 격리해야 한다. 그러나 그런 '범죄자'라도 인간다운 생활을 할 수 있어야 하며 갱생의 기회를 주어야 한다고 생각한다.

Q
과거로 시간여행을 할 수 있나요?

A

과거로 가는 시간여행은 수학에서는 가능합니다.
그러나 거시적인 우리가 과거로 가는 데에는 여러 문제가 있습니다.

Message

과거의 기쁨, 행복, 흥분, 슬픔, 괴로움, 잘못을 모두 포함하여 지금의 우리가 만들어졌습니다. 그중 하나라도 빠지면 다른 사람이 되고 맙니다. 더 이상 우리가 아닙니다. 과거는 바꿀 수 없지만 과거의 이야기는 바꿀 수 있습니다. 그리고 이야기가 바뀌면 미래가 바뀝니다.

과거로는 갈 수 없다(BossB의 의견)

과거로 갈 수 있다면 무엇을 하고 싶은가?

티라노사우루스와 트리케라톱스를 보고 싶은가?

아인슈타인과 만나 이야기해 보고 싶은가?

자신의 인생을 바꾸고 싶은가?

아쉽지만 모두 불가능하다. 과거로 갈 수 있는 것은 이미 과거에 타임머신의 출구가 여기저기 있다는 뜻이 된다. 그러나 우리는 그것이 없었다는 사실을 분명히 안다. 설령 타임머신이 개발된 후 사람이 그전의 과거로 간다고 해도, 과거는 이미 끝났으므로 무언가를 바꿀 수는 없다. 우리 인간과 같은 거시적인 존재는 과거로 갈 수 없다고 생각한다.

빛보다 빠르게 움직일 수는 없다

광속 이상의 속도로 움직일 수 있다고 '가정'하면 과거로 돌아가는 일도 가능하다. 그러나 유감스럽게도 우리가 광속보다 빠르게 움직이는 일은 불가능하다. 시공에는 속도 제한(광속)이 있기 때문이다. 광속으로 움직이지 않는 물체에 아무리 에너지를 더해 가속해도 절대 광속에 도달할 수 없다. 가속하면 할수록 더 많은 에너지가 필요해지며, 결과적으로 무한대의 에너지가 필요하기 때문이다.

처음부터 광속 이상의 속도로 움직인다면 이야기가 다르다. 그런 가상의 입자를 '타키온'이라고 한다. 타키온을 이용하면 자신의 과거로 정보를 보내는 일도 가능해진다. 우주 로켓에 친구를 태워 보내고, 친구에게 타키온 신호를 수신해 보내라고 하면 된다. 그러나 '복권 당첨 번호를 과거로 보내면 부자가 될 수 있다'라고 기뻐하기는 이르다.

안타깝게도 타키온은 가상의 입자이며 현시점에서는 우주의 어디에서도 존재가 확인된 바 없다.

시공을 뒤틀어 시간의 순환 고리를 만든다

광속보다 빠르게 움직일 수는 없지만, 시공을 뒤트는 일은 가능하다. 시공의 뒤틀림을 조작할 수 있다면 미래의 방향을 외부 세계의 과거 방향으로 바꿀 수 있다.

이를테면 블랙홀에 들어간 앨리스의 미래 방향은 블랙홀의 시공의 뒤틀림으로 '특이점(공간)'의 방향이 된다고 4장에서 이야기했다. 시공의 뒤틀림으로 개인의 미래 방향이 달라지는 예시다.

나아가 시공이 뒤틀림으로 개인의 미래 방향이 과거 방향으로 바뀐다면 어떻게 될까? 그 결과가 시간의 순환 고리, 즉 시간성 폐곡선 Closed Timelike Curve이다. 시간의 순환 고리가 있거나 만들 수 있다면 과거를 향한 시간여행이 가능해진다.

가장 단순한 시간의 순환 고리의 예를 소개하겠다[그림 55]. 입구에서 자신의 미래(화살표) 방향으로 나아가면 다시 입구로 돌아오는

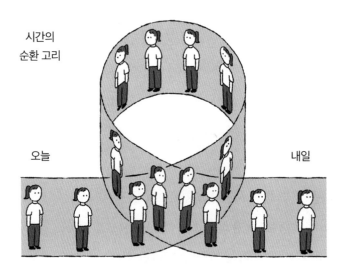

[그림 55]

순환 고리다. 입구로 돌아오면 이 입구를 통해 들어오는 자신과 만난다. 입구에 들어올 때도 이미 한 바퀴 돌아오는 자신과 만났다는 뜻이다.

입구로 들어간 우리의 과거에 미래의 우리가 있고, 입구로 돌아온 우리의 미래에 과거의 우리가 있다. 이는 3장에서 말했던 우주의 엔트로피는 감소하지 않고 계속 증가하며 우리의 미래는 그 방향에 있다는 이야기와 모순된다. 엔트로피가 낮은 과거에 엔트로피가 더 높은 미래가 있고, 엔트로피가 높은 미래에 엔트로피가 더 낮은 과거가 있다는 것은 이상하다. 이처럼 시간의 순환 고리는 과거로 시간여행을 하는 타임머신이지만, 미래와 과거의 방향에는 일관성이 없다.

시간의 순환 고리는 다양하게 존재한다. 예를 들어 수학에서는 회전하는 우주, 무한한 원주와 우주의 끈 주변, 고속 회전하는 블랙홀의 특이점 가까이에 시간의 순환 고리를 만들 수 있다고 한다. 그러나 그중 어느 것도 관측된 바가 없다.

영화에 자주 나오는 웜홀로도 시간의 순환 고리를 만들 수 있다. 그러나 마찬가지로 관측된 바가 없고, 순환 고리를 만드는 과정에서 다양한 문제가 남는다. 한 예로 웜홀은 불안정하기 때문에 금세 블랙홀이 되고 만다. 그러므로 이제부터는 '만약 이렇다면?'이라는 공상으로 웜홀을 이용한 시간여행을 해 보고자 한다.

웜홀

웜[worm]은 벌레, 홀[hole]은 구멍이다. 벌레가 사과 표면의 어느 지점에서 반대쪽으로 이동할 때, 사과를 관통하는 구멍이 있다면 사과 표면을 기어가기보다 그 구멍을 통과하는 것이 더 빠르다[그림 56].

여기서 벌레는 사과 표면이라는 2차원 세계에 사는 2차원 생물이라고 간주한다. 그리고 사과를 관통하는 구멍은 벌레가 3차원으로 빠져나가는 터널이다. 이 지름길 터널이 웜홀이다.[1] 이 웜홀을 고차원[hyper space]으로 가정하고 그 고차원을 이용한 것이다.

영화 〈인터스텔라〉에 등장한 것도 고차원으로 우리의 4차원 시공을 연결하는 웜홀(시공의 지름길)이었다. 5차원 공간을 조종하게 된

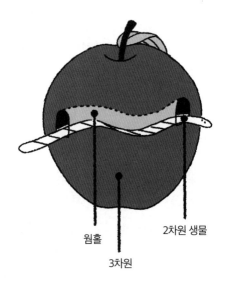

웜홀   3차원   2차원 생물

[그림 56]

미래의 인류가 만들었다는 설정이다. 도라에몽의 '어디로든 문'도 똑같은 원리의 웜홀일 것이다.

이론적으로는 고차원이 필요하지 않은 웜홀도 가능하다. 단, 여기서 주의할 점이 있다. 수학의 해는 순수한 이론이므로 실존이 확인되지 않으면 물리적으로는 맞지 않는다는 점이다. 현시점에서 웜홀의 존재는 확인되지 않았다.

양자 규모의 웜홀

공간의 최소(플랑크) 규모에서는 불확정성으로 시공이 떨리기 때문에 수많은 웜홀이 나타났다가 사라질 것으로 추정된다. 영화 〈어벤저스 엔드게임〉에서는 핌 입자(가상의 입자)로 양자 크기가 된 슈퍼히어로들이 양자 규모의 웜홀을 만들어 과거의 시공으로 시간여행을 한다(이것은 허구다).

그러나 인간을 플랑크 규모로 축소하는 일보다는 플랑크 규모의 웜홀을 인간 크기로 늘리는 일이 이론적으로 더 가능하다. 물론 현대 과학에는 그런 기술이 없다. 그러나 별과 은하도 원래는 플랑크의 흔들림이 인플레이션으로 늘어난 결과 형성되었다는 사실을 기억하자.

다시 말해 인플레이션을 이해하면 양자 웜홀을 늘릴 수 있을지 모른다. 그렇게 하면 우리는 이론적으로 시공의 지름길을 만들 수 있다. 시공의 지름길이 있으면 시간의 순환 고리를 만들어 과거로 시간여행을 할 수 있다.

통과가 가능한 웜홀

웜홀을 타임머신으로 사용하려면 인간이 통과할 수 있어야 한다 [그림 57]. [그림 57]은 우리 우주를 2차원으로 나타내고, 이 2차원 우주의 한 지점과 또 다른 지점을 연결하는 웜홀이다.

웜홀에는 출입구가 두 개 있고 목구멍(지름길 터널)으로 연결되어 있다. 그런데 이 목구멍은 자신의 중력으로 금세 닫혀 블랙홀이 되

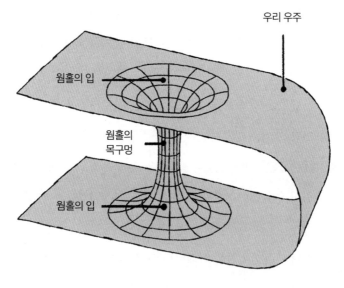

[그림 57]

338

고 만다. 그러므로 목구멍을 닫는 양의 중력에 역방향으로 작용하는 음의 에너지를 가진 암흑에너지나 가상의 별난 물질exotic matter을 이용해 목구멍을 확실하게 열린 상태로 유지할 필요가 있다. 그러나 바깥에서 약간의 에너지가 들어와도 그 양의 중력 때문에 목구멍이 닫히고 만다. 이 문제를 해결할 수 있다면(현시점에서는 어려운 듯하다) 웜홀을 통과할 수 있게 된다. 그리고 그 웜홀을 이용해서 과거로 가는 타임머신을 만들 수 있다.

타임머신

미래의 천재 쌍둥이 형제, 타케와 비야가 20세 때 웜홀을 실험실에서 완성했다고 가정해 보자. 이 웜홀은 하나의 출입구로 들어가면 순식간에 다른 출입구로 이동하는 시공의 지름길이다. 이 웜홀의 출입구 중 하나인 '출입구 1'을 우주선으로 이동시키고, 다른 출입구인 '출입구 2'는 실험실에 남겨 둔다.

그다음 쌍둥이 중 하나인 타케가 웜홀의 '출입구 1'을 실은 우주선을 타고 광속에 가까운 속도로 우주를 여행한다. 타임머신 제작의 시작이다.

타케는 자신의 시계로 1년 후 지구로 돌아온다. 여기서 시계가 느려진다는 사실을 기억하자. 타케에게 1년은 지구에 남은 비야의 시계로는 3년에 해당한다. 그러므로 타케와 웜홀의 '출입구 1'은 비야

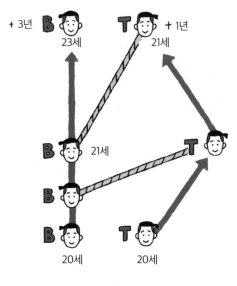

[그림 58]

와 '출입구 2'의 미래, 즉 지구의 미래로 시간여행을 하게 된다. 지구에서 쌍둥이가 다시 만나면 타케는 21세, 비야는 23세가 되어 있는 것이다[그림 58].

웜홀의 출입구가 아무리 멀리 움직여도 목구멍(지름길 터널)의 길이는 변함이 없다. 목구멍을 들여다보면 두 사람의 시계는 항상 일치한다[그림 58의 사선이 웜홀이다]. 타케가 우주선에 있는 웜홀의 '출입구 1'을 들여다보면 자신과 같은 나이인 21세의 비야가 보인다. 그 21세의 비야가 지구의 실험실에 있는 웜홀의 '출입구 2'를 들여다봐도 21세의 타케가 보인다[그림 59].

그러나 타케는 3년 후의 지구로 시간여행을 하므로 웜홀 바깥에서는 23세의 비야가 마중을 나온다. '출입구 1'에는 21세의 비야가 있고 옆에는 23세의 비야가 있는 것이다. 또 21세의 비야도 '출입구 2'에서 23세 덩치가 커지고 튼튼해진(운동의 효과) 자기 자신을 볼 수 있다[그림 59].

그러므로 21세의 비야가 '출입구 2'에서 '출입구 1'로 가면 23세의 자신을 만나고, 23세의 비야가 '출입구 1'에서 '출입구 2'로 가면 21세의 자신을 만날 수 있다. '출입구 1'과 '출입구 2'는 미래와 과거를 오갈 수 있는 웜홀, 즉 타임머신의 출입구다. 천재 쌍둥이 형제는 항상 2년의 시간 차이를 연결하는 타임머신을 만든 것이다.

[그림 59]

웜홀이 더 많이 있으면 10년 후 또는 100년 후 등 다양한 미래와 과거를 연결하는 타임머신을 만들 수 있다. 그러나 타임머신이 완성되기 전의 과거로 돌아갈 수는 없다. 작년에 어딘가에서 타임머신을 본 적이 있는가? 본 적이 없다면 타임머신이 없었다는 것이므로 아쉽게도 작년으로 돌아갈 수는 없다.

역설이 있어서는 안 된다

과거로 간 23세의 비야와 21세의 비야가 몸싸움하다가 23세의 비야가 21세의 비야를 계단에서 밀쳐 죽이고 말았다. 21세의 비야가 죽었다면 '누가' 23세의 비야가 된 것일까? 궁금하겠지만 이때는 23세 비야의 존재 자체가 모순이다.

이는 과거로 가는 시간여행에 따라다니는 역설이다. 그러나 이 역설은 물리의 문제가 아니라 논리의 문제다. 과거로 가는 시간여행은 논리적으로 모순이다. 역설이 있어서는 안 되는데 역설이 있으므로 절대 불가능하다.

이 역설이 생겨나는 이유는 시간의 순환 고리로 과거와 미래의 방향이 뒤섞여 버리기 때문이다. 과거는 끝났고 기억에 남아 있지만, 미래는 앞으로 선택할 수 있는 미지의 영역이다. 21세의 비야가 23세 비야의 미래가 되기 때문에 역설이 생겨난다. 21세의 비야는 과거이자 끝난 일이지 선택할 수 있는 미래가 아니다. 이 역설이 생겨나는 한 시간의 순환 고리는 우주에 존재할 수 없다. 다시 말해 과거로 가는 시간여행은 허용되지 않는다.

참고로 역설이 전혀 생겨나지 않는 시간여행이라면 과거로 가는 시간여행이 가능할지도 모른다. 과거로 시간여행을 한 23세의 비야가 과거의 시점에서 자유로운 선택을 할 수 없게 되면 된다. 과거로 가는 시간여행을 가능하게 만들고 싶다면 인간에게 자유의지(선택)가 없음을 받아들일 필요가 있다.

평행 세계

매초 헤아릴 수 없이 많은 세계로 분기하는 다세계 해석 속의 평행 세계가 존재한다면 자유의지를 간직한 채 과거로 시간여행을 할 수 있을지 모른다. 다만 과거로 떠나고 나면 원래 세계로 돌아갈 수 없다. 과거로 떠나기 전까지 모든 과거는 똑같지만 그 후로는 전개가 달라지는 세계로 가게 된다. 그러므로 과거와 미래가 뒤섞이게 될 일은 없다.

게다가 다세계 해석에서는 자신을 죽여도 역설이 생겨나지 않는다. 23세의 비야가 시간여행으로 도착한 세계에서 21세의 비야는 죽지만, 23세의 비야가 원래 있던 세계에서는 21세의 비야가 살아있기 때문에 논리적으로 일관성이 유지된다.

여기서 다시 문제를 생각해 보자. 21세의 비야가 있는 곳에 1초

후의 비야, 1분 후의 비야, 1일 후의 비야, 10년 후의 비야, 11년 후의 비야 이렇게 매 순간의 비야가 모두 모이면 어떻게 될까? 수많은 세계의 비야들은 사라지고 각 세계의 질량과 에너지가 보존되지 않게 된다. 이것은 문제이지 않을까? 다세계 전체에서 질량과 에너지가 보존되면 괜찮은 것일까?

또 비야뿐만 아니라 타임머신 완성 후 태어날 인류, 동물, 나아가 우리은하의 모든 생명체가 하나의 세계에 모이면 다른 세계들은 어떻게 될까? 나는 잘 모른다. 그리고 어느 과학자도 명확히 대답하지 못할 것이다.

이런 수많은 의문이 남기에 나는 평행세계가 있어도 과거로 시간여행은 불가능할 것으로 생각한다.

과거를 바꿀 수는 없다

설령 평행 세계가 있다고 해도 과거는 이미 끝난 일이므로 바꿀 수 없다. 시간의 화살이 향하는 방향을 뒤집어서 마치 영화를 뒤로 감듯 과거로 돌아갈 수 있다 해도 무언가 변화를 줄 수는 없다.

미시적 수준에서 물리 법칙에 시간의 방향은 없으므로, 한 사람을 이루는 미시적인 입자를 완벽하게 조정해서 엔트로피가 줄어드는 방향, 즉 과거의 방향으로 움직인다면 다시 젊어지는 일은 가능할 것이다.

그러나 그 사람의 의식을 낳는 전자의 움직임도 과거를 향하므로 기억이 하나씩 사라질 것이다. 과거에 무언가를 했다는 인식도 없고 시간이 뒤로 돌아가는 느낌도 없다. 그래서 물리적으로 젊어져도 그것을 전혀 의식하지 못한다. 시간의 화살이 향하는 방향이 미래이므로 아무 일 없었던 듯 돌아간 과거 시점에서 또다시 미래를 향해 1초 1초 나아갈 뿐이다. 젊어지고 다시 시간의 화살을 원래대로 돌려놓아도 아무것도 기억하지 못하므로 완전히 똑같은 인생을 다시 살 뿐이다.

게다가 한 사람이 가진 시간의 화살을 뒤집는 일은 현실적으로 어렵다. 한 사람을 뒤로 감기 위해서는 그 사람이 과거에 접촉했던 모든 빛, 원자, 분자를 뒤로 감아야 한다. 한 사람이 과거에 발한 열을 운반하는 무수한 분자들은 그 모든 열을 그 사람에게 돌려줄 수 있을까? 과거에 먹었던 음식은 위장에서 원래 모습을 되찾아서 입으로 도로 나올까?

완벽하게 닫힌 공간 내라면 뒤로 감기는 이론적으로 가능하다. 그러나 어떤 닫힌 공간이든 반드시 접촉면이 있고, 그 접촉면에 있는 환경이 뒤로 감기 계획을 방해할 것이다. 예를 들어 바깥에서 광자가 몇 개 접촉하기만 해도, 그 접촉이 유발하는 닫힌 공간 속 입자의 움직임이 무질서를 부추겨 엔트로피가 증가한다.

그러므로 거시적인 물체의 시간의 화살을 바꾸는 일은 불가능하다. 우주 전체가 바뀌어야 하기 때문이다.

과거로 돌아가 인생을 다시 살고 싶은가?

나는 인생을 다시 살고 싶다는 생각을 조금도 하지 않는다. 실수와 실패투성이였지만 불완전하게 빛나며 미래로 향하는 나를 좋아하기 때문이다. 자기 자신이라는 특별하고 유일무이한 존재를 만들어 낸 과거의 1초 1초가, 그리고 사랑하는 사람들과 보낸 과거의 1초 1초가 귀중하기 때문이다.

그리고 똑같은 우주의 똑같은 좌표(시간과 장소)로 돌아올 수 없다면 미래나 과거로 시간여행을 하고 싶지 않다. 이 우주의 지금, 이 좌표에 내가 살아온 궤적이 있고, 사랑하는 사람들이 살아온 궤적이 있는 현재에 감사하기 때문이다.

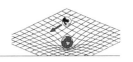

아무리 생각해도 과거로 가는 일은 불가능할 듯하다. 세계가 분기함으로써 과거의 특정 좌표로 돌아갈 수 있다 해도 인생을 다시 살 수는 없다. 그래도 우리의 인생을 1년 전으로 되돌릴 수 있다고 가정해 보자. 그러면 1년 후 우리는 지금과 똑같은 사람이 아닐 것이다. 우리가 경험한 기쁨, 행복, 흥분, 그리고 슬픔, 괴로움, 잘못까지 포함해 모든 과거가 존재하기에 우리는 우리가 된 것이다. 그중 하나라도 빠지면 지금의 우리는 존재할 수 없다.

역시 과거는 바꿀 수 없고, 지금까지 살아온 우리도 바꿀 수 없다. 그러나 과거 기억의 '이야기'는 바꿀 수 있다. 기억의 이야기는 뇌의 가정이며 착각이므로 이야기가 달라지면 미래를 바꿀 수 있다.

과거에 일어난 모든 일을 기억하는가? 어제 현관의 발밑에 있던 먼지, 일주일 전 길에서 스친 사람의 모습은 과거의 좌표에 확실하게 존재했던 사건이지만 기억에는 남아 있지 않을 것이다. 사람은 자신에게 도움이 된 일을 엄선해 장기기억(데이터)으로 남긴다. 그리고 그 기억은 뇌의 네트워크를 통해 다른 기억 및 다양한 감정과 연결되고 이야기로 저장된다. 그렇게 기억은 우리가 만들어 놓은 이야기인 것이다.

이를테면 우리가 학교에서 서열이 높은 아이들에게 계속 무시당하고 있다고 생각해 보자. 과거에 똑같은 아이들에게 왕따 당해 등교 거부하게 된 아이처럼 되고 싶지 않다는 불안과 공포심, 학교에서 겪은 불쾌한 경험이 연결되어 있는 그대로의 자기 자신을 부정하는 이야기가 저장된다. 자신의 가치와 개성을 부정하고, 왕따 당하지 않기 위해 자신을 바꾸려는 이야기다. 그러나 이 이야기는 자신이 만들어 낸 것이다.

한편 기억(이야기)이란 꺼내 활용할(남에게 이야기하기, 혼자 다시 생각하기)

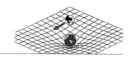

때마다 뇌에서 새로운 연결이 생겨나서 다시 작성된다고 한다. 힘들거나 슬픈 기억이 시간이 지나면서 옅어지는 것은 기억(이야기)을 다시 작성했기 때문이다.

다른 아이들에게 무시당하고 왕따 당한 일에서 시작되어 자신의 가치와 개성을 부정하는 이야기도 고쳐서 다시 쓸 수 있다. 남을 따돌리고 자신의 가치를 느끼는 불행하고 비참한 아이들과 비록 지금 친구가 없더라도 나답게 빛날 수 있는 멋진 '나'의 이야기로 바꿔 보면 어떨까?

우리의 미래는 우리가 만들어 내는 이야기를 통해 점점 바뀐다. 학교, 선생님, 회사, 상사 때문에 이야기를 다시 쓰기 어렵다면 학교와 회사를 바꾸며 자신만의 이야기를 만들어 나가자. 이야기는 뇌의 가정이며 가설이다. 우리 자신이 직접 고쳐 나갈 수 있으며 다시 써야 한다. 과거의 이야기를 바꾸면 미래를 바꿀 수 있다.

되고 싶은 자신을 향해 나답게, 오직 자신만의 방법으로 빛을 내자.

당신의 무한 우주를 응원합니다

나는 우주에서 '나'의 의미와 가치를 찾기 위해 공부를 시작했습니다. 공부하는 과정에서 '나'의 의미와 가치는 '내'가 정하는 것이며 내면에서 솟아나는 것이라는 결론에 다다랐습니다. 그리고 마음의 평화를 얻었습니다.

우주에 관한 공부를 통해 발견한 '나'의 빛은 누구와도 같지 않은 독특한 빛입니다. 그로 인해 '나'를 있는 그대로 받아들이고 사랑할 수 있게 되었습니다. 사랑 넘치는 에너지가 나를 가득 채웁니다. 내 나이나 상황과 무관하게 내게는 무수한 가능성이 있습니다. 언제라도 늦지 않게 무엇이든 할 수 있습니다. 되고 싶은 사람이 될 수 있고, 살아가고 싶은 모습으로 계속 살아갈 수 있습니다.

우주에 대해 더 많이 알게 될수록 주변 사람들의 빛도 보였습니다. 겉으로 드러나지 않는 본질을 보도록 노력합니다. 사람은 누구나 그 사람을 이루는 다양한 요소로 에너지와 가능성이 넘쳐흐른다는 사실도 알게 되었으니까요.

이제는 모든 사람이 자신답게, 있는 그대로, 각자 좋아하는 일을 추구하며 자신의 가능성을 구현해 나가고, 각자의 색깔로 빛났으면 좋겠습니다.

코스모스 씽킹의 3단계는 다음과 같습니다.

첫째, 시점의 제한 내에서만 볼 수 있습니다.

둘째, 새로운 시점, 다양한 시점에서 보기 시작합니다.

셋째, 시점을 선택해 미래를 만들어나갑니다.

시점을 늘리면 대상의 본질이 보이기 시작합니다. 새로운 시점은 미지를 향한 탐험과 탐구, 나와 다른 대상과의 대화에서 생겨납니다.

혹시 여러분도 자신의 빛을 찾고 싶다면, 원하는 모습이 되고 싶

다면, 우주에 대해 알고 코스모스 씽킹으로 자신을 바라봅시다.

각자의 색깔로 빛나는 사회를 위해 자신에게 당연한 것이 아닌 영역, 사회에서 평범한 것이 아닌 영역을 탐험해야 합니다. 자신과 다른 대상을 만나고 대화해야 합니다.

우주는 모든 것입니다. 여러분도 우주입니다. 무한한 당신만의 아름답고 다양한 우주를 있는 그대로 두려워하고 사랑합시다.

【보충 자료】

1장 우주 속의 우리

[1] 천문학에서는 핵융합으로 빛나는 천체를 항성이라 한다. 별(star)은 항성을 뜻한다. 행성은 핵융합이 일어나지 않으므로 별(star)이 아니다.

[2] 백색왜성 초신성 폭발을 이용해 우주의 팽창 속도를 관찰한 결과(5장), 그리고 우주 마이크로파 배경복사의 관찰 결과(6장)를 이용하여 일반상대성이론(3장)에 따른 우주 모형으로 우주를 뒤로 감기 하면 우주의 나이를 계산할 수 있다.

[3] 다만 지동설이 태양계 천체의 운동을 더 단순하고 정확하며 모순 없이 묘사할 수 있다.

[4] 1977년 발사된 행성 탐사선 보이저 2호에 실린 지구의 주소는 14개 펄서(회전하는 중성자성)의 주기를 2진법으로 나타내고 그 펄서들과 지구의 위치를 그림으로 나타낸 것이다.

[5] 초기 우주에는 리튬과 베릴륨도 있었지만 질량비로 10억분의 1 정도였다.

[6] 핵융합으로 생성되는 것은 정확히는 원자핵이다. 원자는 원자핵이다. 원자는 원자핵과 전자로 이루어져 있다. 2장에서 자세히 설명하고 있다.

2장 우주는 무엇으로 이루어져 있을까?

[1] 열복사는 이론상 모든 파장에서 이루어진다. 그러나 파장에 따라 복사량이 다르기 때문에 관측이 가능하기도 하고 불가능하기도 하다. 이론상 인간도 가시광선을 복사한다. 그러나 너무 미량이어서 검출이 불가능할 뿐이다.

[2] 정확히는 운동량=질량속도다.

[3] 20세기 양자역학의 발전을 이끈 닐스 보어가 도입한 말(개념)이다.

[4] 모든 위치에 똑같은 확률로 존재하는 것이 아니라, 위치에 따라 존재할 확률이 달라진다. 전자의 파동, 엄밀히 말하면 파동 높이의 2승이 전자가 존재할 확률의 밀도다.

[5] 강한 힘을 전달하는 용수철 역할의 입자는 글루온이다. 한편 전자기의 힘을 전달하는 것이 광자(빛)다. 글루온과 광자를 보스 입자라고 하고, 쿼크와 전자를 페르

미 입자라 한다. 페르미 입자는 형태를 구성하고 보스 입자는 힘을 전달한다.

[6] 쿼크와 전자 등의 소립자(페르미 입자)는 원래 질량이 없는 입자였다. 그러나 힉스장에 막혀 감속하면서 질량을 가지게 되었다. 역시 질량은 에너지다.

[7] 내 아들도 학교에서 이 노래를 불렀다. 아들 중 하나가 태양은 흰색이고 불타지 않는다고 선생님에게 말했지만 노래는 바뀌지 않았다.

[8] 아마 일본에서 태양이 붉다고 잘못 인식하는 이유는 일장기에 붉은 태양이 그려져 있기 때문일 것이다. 그러나 일장기의 태양은 아침 해이기 때문에 붉은 것이 아닐까. 백지에 흰색 태양을 그리면 국기로 쓸 수 없을 테니 말이다(항복할 때 쓰는 백기가 되고 만다).

[9] 태양의 중심핵은 태양 반지름의 대략 2배 이하를 차지한다. 밀도는 금이나 납이 가진 밀도의 대략 10배, 압력은 지구 대기압의 대략 수천억 배이므로 상상을 초월한다.

[10] 핵융합 에너지의 약 3%는 뉴트리노가 가지고 도망간다. 뉴트리노는 개인플레이를 좋아하고 다른 입자들에 관여하지 않는 성격 때문에 태양을 2초 만에 탈출할 수 있다. 그리고 우리의 손톱을 매초 약 1천억 개의 태양 뉴트리노가 통과한다. 그중 아주 일부를 일본의 슈퍼카미오칸데가 검출했다. 뉴트리노의 검출이 쉽지 않은 이유는 개인플레이를 좋아하는 뉴트리노의 성격 때문이다.

[11] 거의 무명의 여성 수학자 에미 뇌터가 에너지의 본질과 에너지 깊숙이 숨은 현실의 대칭성을 밝혀냈다.

[12] 열에너지에는 물체를 이루는 원자와 분자의 위치에너지도 포함된다.

[13] 공간이 움직이거나 우주가 팽창하면(5장) 에너지는 보존될 수 없게 된다. 그래서 우주 전체를 생각할 때는 우주 규모의 중력 위치에너지를 따로 생각해야 한다. 다행히 지구에서든, 태양계에서든, 우리은하에서든 우주의 팽창을 고려할 필요는 전혀 없다.

[14] 수소 가스 휘선 관측을 통한 은하 회전 곡선을 이용해 암흑물질의 존재를 결정적으로 밝혀낸 사람은 여성 천문학자 베라 루빈이다.

3장 공간, 시간, 시공, 중력

[1] 해발고도는 평균 해면을 기준으로 측정하는 높이다. 평균 해면이란 무엇인지 동

의한 후 높이를 말하자.

[2] 0차원의 점, 1차원의 선, 2차원의 종이(표면)는 수학의 정의다. 3차원 사람인 우리가 볼 수 있는 현실의 점에는 크기가 있고, 선에는 너비가 있고, 종이에는 두께가 있다. 우리는 세 방향으로 크기가 존재하는 것만을 볼 수 있다.

[3] 우리의 우주를 지배하는 물리 법칙(물체와 힘의 규칙)을 따르면 4차원 이상의 세계에서는 원자 구조와 행성 궤도가 모두 불안정하므로 생명이 존재할 수 없다. SF 영화 <인터스텔라>에서는 4차원 공간에 있는 생명체의 도움으로 우주여행을 하지만, 도와준 사람들은 4차원 사람이 아니라 4차원 공간을 지배하는 3차원 사람, 인간의 자손이었다.

[4] 차원에 관한 SF 소설의 고전인 에드윈 애벗의 《플랫랜드》에서는 3차원 사람인 '구형'이 2차원 세계로 간다. 그곳에서 만난 2차원 사람 '사각형'이 똑같은 논리로 4차원 세계의 가능성을 3차원 사람 '구형'에게 설명한다.

[5] 뉴턴은 절대적인 공간과 시간을 배경으로 운동과 만유인력의 법칙을 발견하고, 물체와 힘의 관계(역학) 기반을 구축했다.

[6] 시공은 뉴턴의 개념이 아니다. 공간과 시간을 4차원 시공으로 통합한 사람은 다음 파트에 나올 아인슈타인과 그 수학 스승인 헤르만 민코프스키다.

[7] 물체 속에서는 빛이 자유롭게 움직일 수 없으므로 빛의 속도가 느려진다.

[8] 시공의 제한 속도로 움직일 수 있는 빛의 입장에서는 시간이 전혀 경과하지 않는다. 우주의 시작에서 마지막에 이르기까지 모든 것이 '동시'다. 다만 빛은 의식이 없으므로 동시라는 개념도 없고 시간 그 자체에 대한 개념도 없을 것이다.

[9] 태양에서 오는 가시광선 광자 하나에 대해 지구는 적외선 광자 20개를 복사한다. 태양에서 흡수하는 빛의 에너지와 지구가 복사하는 에너지는 완전히 똑같은 양이다. 에너지의 형태가 바뀔 뿐이지 에너지의 양은 보존된다. 엔트로피가 낮은 태양의 에너지는 사용할 수 있는 에너지이지만 그 사용 과정에서 발생하는 엔트로피가 높은 에너지는 지구가 사용할 수 없는 에너지다.

[10] 우주가 탄생한 후 빅뱅의 열이 균등하게 배분되고 입자도 균일하게 분포한다는 사실이 관찰되었지만(6장) 왜 온도가 균일한 초기 우주의 엔트로피는 낮았던 것일까? 이유는 중력이다. 중력이 물체를 끌어당길 때 열이 발생하고 더욱 무질서해진다. 중력에도 엔트로피가 있다.

　방 안의 공기는 중력보다 더 큰 압력을 가지고 있어서 중력으로 수축하지 않는다. 그러나 우주의 입자(가스)는 우주의 팽창(5장)과 함께 온도와 압력이 낮아지며 중력에 의해 서서히 모이게 된다. 예를 들어 가스 구름이 중력으로 수축하여 정돈된 별이나 은하를 만들 때는 반드시 대량의 열이 방출되고 엔트로피가 증가한다. 냉장고가 물건을 식힐(정돈할) 때 반드시 열(무질서)이 방출되는 것과 유사하다. 중력이 작용하는 방향이 엔트로피가 증가하는 방향이다.

따라서 우주에서 가장 큰 엔트로피를 가진 천체는 블랙홀이다. 주어진 공간에 중력으로 가능한 한 물질이 모인 천체가 블랙홀이기 때문이다. 실제로 현재 우주의 거의 모든 엔트로피는 수천억 개의 초거대 블랙홀이 가지고 있다. 우주의 정보는 블랙홀에 숨겨져 있다는 뜻이다(4장).

[11] 이 그림은 뉴턴의 사고실험이며 뉴턴의 대포라고 한다. 지구상의 언덕에 있는 대포에서 대포알을 발사한다. 대포알은 언젠가 지상 어딘가에 떨어지는데, 발사 속도를 점점 높이면 더 먼 곳에 떨어질 것이다. 점점 멀리까지 가서 언젠가는 지구 주위를 빙 돌아 지상으로 떨어지지 않게 된다. 이것이 위성이며 달이다.

[12] 물체란 바깥에서 힘이 작용하지 않는 한 현상 유지를 한다. 정지한 물체는 정지 상태를 유지하고 움직이는 물체는 움직임을 유지한다(예: 얼음 위에서 스케이트를 타면 멈추지 않는 것은 마찰력이 거의 없기 때문이다). 그러므로 자동차가 가속한다고 해서 그 안의 사람이 동시에 가속하는 것은 아니다. 좌석 등받이에 밀려 함께 가속하는 것이다. 자동차가 갑자기 브레이크를 밟아 감속하면 몸이 앞으로 쏠리는 이유도 마찬가지다. 자동차가 감속해도 사람은 계속 움직이기 때문이다. 그러므로 안전벨트의 힘을 받아 함께 감속할 필요가 있다.

[13] 엄밀히 말하면 지상의 중력은 위치에 따라 달라진다. 지면에 다가가면 다가갈수록 중력이 강해진다. 또 지구는 구형이므로 중력의 방향은 균일하지 않다. 이 차이를 조석력이라고 한다. 그러므로 중력가속도도 일정하지 않다. 그러나 중력이 일정하다고 간주할 수 있는 작은 국소적 공간에서는 등가원리가 성립한다. 지구는 둥글지만 우리가 사는 땅은 국소적으로 편평하다고 간주할 수 있는 것과 마찬가지다. 반대로 편평한 땅을 조금씩 연결해 나가면 둥근 지구가 되듯, 중력이 일정한 곳을 연결해 나가서 중력과 시공을 통합한 것이 일반상대성이론이다.

[14] 개기일식은 낮에 달이 태양을 완전히 가리는 현상이다. 태양 빛이 차단되므로 태양 주위에 있는 시공의 뒤틀림이 배경에 있는 별빛의 경로에 주는 영향을 관측할 수 있다.

[15] 아인슈타인은 당시 중력파의 신호가 너무 미약해서 실제로 관찰할 수 없을 것이라고 말했다. 아인슈타인은 노벨물리학상을 수상했지만 상대성이론으로 수상한 것은 아니다.

4장 블랙홀은 무섭지 않다

[1] 태양은 핵융합으로 빛나므로 엄밀히는 질량이 조금씩 줄어든다(2장, $E=mc^2$). 그 결과 지구의 궤도는 100년에 1m 정도씩 커지지만 인간의 생활에는 전혀 영향을 미치지 않는다. 그러므로 태양이 블랙홀이 되면 반대로 궤도가 고정(안정)된다고 할 수 있다.

[2] 태양광은 지구의 모든 생명의 에너지다. 태양광이 없어지면 지구의 열을 이용해서 지하도시를 만들거나, 우주 식민지에서 생활하거나, 다른 행성으로 이주한다는(5장) 선택이 남는다.

[3] NASA의 파커 태양 탐사선은 마치 혜성과 같이 타원형 궤도로 몇 번이고 돌면서 조금씩 태양에 접근한다. 그리고 가장 가까이 접근한 지점에서 태양 코로나(대기에 얇게 퍼져 나가는 고온 저밀도 가스)를 관찰한다.

[4] 중심에서 태양 반지름 1% 거리의 중력은 지상에 작용하는 지구 중력(초당 중력가속도 9.8m)의 28만 배다.

[5] 물체에 작용하는 조석력은 그 물체의 크기에 비례한다. 예를 들어 달의 중력장은 지구의 조석력 때문에 늘어나 있다. 지구는 크기 때문에 조석력 차이로 인한 밀물과 썰물이 발생한다.

[6] 사건의 지평선의 2~3배 거리까지 다가가면 안정된 궤도를 유지할 수 없게 되어 빨려 들어간다.

[7] 카를 슈바르츠실트는 제1차 세계대전 때 전선에서 한창 싸우던 중 아인슈타인의 방정식을 보고 블랙홀의 해를 발견했다.

[8] 물리학의 세계에서는 A로 시작하는 Alice(앨리스)와 B로 시작하는 Bob(밥)이라는 이름을 전통적으로 이용한다. 한 사람이 더 필요할 때는 C로 시작하는 Charlie(찰리)를 쓴다. 물리학만이 아니라 과학과 공학 분야에서는 일반적으로 이런 경향이 있다.

[9] 움직임과 중력장의 시간 흐름 차이로 인해 빛의 파장이 늘어나는 것을 적색편이,

줄어드는 것을 청색편이라고 한다. 실제로 적색과 청색이 되는 것은 아니지만 가시광선 영역에서 파장이 긴 빛은 적색, 파장이 짧은 빛은 청색이 된다는 이유로 그렇게 표현한다. 6장에서 움직임으로 인한 적색편이와 우주의 팽창으로 인한 적색편이를 이야기할 것이다.

[10] 특이점은 아인슈타인의 일반상대성이론이 붕괴하는, 현대 물리학의 이해로는 해석할 수 없는 곳이다. 점이라는 말이 들어가 있지만 실제 '점'은 아니다.

[11] 블랙홀 상보성이라고 한다. 4장에서 설명하는 홀로그램 원리를 도출한 물리학자 중 한 명인 레너드 서스킨드가 주장한 개념이다.

[12] 공간의 최소 단위가 플랑크 길이다. 그보다 작은 공간은 측정하려고 하면 블랙홀이 되므로 측정할 수 없다. 플랑크 길이는 공간의 한계다.

[13] 이 무대를 물리학에서는 '장'이라고 한다. 양자장론이다.

[14] 블랙홀에 들어간 정보는 소실된다고 주장한 호킹과 블랙홀에 들어간 정보는 소실되지 않는다고 주장한 또 다른 물리학자 존 프레스킬이 1997년 내기를 벌었다. 그리고 2004년 호킹이 패배를 인정해 프레스킬이 야구 백과사전을 상품으로 받았다.

[15] 해결책의 예로 블랙홀의 사건의 지평선에 들어가기 전에 에너지로 인해서 타죽기 때문에 정보가 바깥에 남는다는 파이어월(방화벽) 가설, 호킹 복사의 쌍이 안팎을 웜홀로 연결하기 때문에 정보가 안에서 밖으로 나올 수 있다는 ER=EPR 가설, 블랙홀은 블랙홀이 아니라 소립자보다 더 작은 초끈으로 이루어져 정보를 보유하는 퍼즈볼(fuzzball)이라는 가설 등이 있다. ER은 아인슈타인과 로젠이 1935년 7월 발표한 논문을 바탕으로 한 시공의 웜홀(7장)이다. EPR은 아인슈타인, 포돌스키, 로젠이 같은 해 5월 발표한 논문을 바탕으로 한 양자의 얽힘(6장)이다. 블랙홀 정보 역설에 관해 자세히 알고 싶다면 스탠퍼드대학교의 이론물리학자 레너드 서스킨드의 저서 《블랙홀 전쟁 (양자역학과 물리학의 미래를 둘러싼 위대한 과학논쟁)》을 읽어 보자.

[16] 호킹은 이론물리학자 킵 손과 내기했다. 그러나 1990년 패배를 인정했고, 킵 손은 내기 상품인 미국 성인 잡지 《펜트하우스》 1년분을 받았다. 호킹은 내기에서 지는 취미가 있는 모양이다.

[17] 중성자성은 태양을 지구의 도시 크기로 압축해서 거대한 원자핵으로 만든 것과 비슷한 별이다. 중성자(양자)들은 서로 같은 양자 상태에 있을 수 없으므로(파울

리 배타 원리) 거대한 별의 중심핵이라는 공간(상태)이 한정된 곳에서는 모든 중성자의 서로 다른 에너지 상태로 인한 압력이 발생한다. 이것을 중성자 축퇴압이라고 한다. 백색왜성은 전자 축퇴압으로 유지된다.

[18] 우리은하 중심부의 관찰을 주도한 앤드리아 게즈와 라인하르트 겐첼은 2020년 노벨물리학상을 수상했다. 이론적으로 블랙홀 형성을 증명한 로저 펜로즈도 함께 수상했다. 안드레아 게즈는 노벨물리학상을 수상한 네 번째 여성이다.

[19] 궁수자리 A*의 사건의 지평선은 1천만km다. 지구에서 2만6천 광년 떨어진 은하 중심에서, 태양과 지구 거리의 10분의 1 정도인 작은 공간을 '보기' 위해서는 달 위의 사과를 '보는' 데에 필적하는 해상도가 필요하다. 사건의 지평선 망원경(EHT) 팀은 전 세계의 전파망원경들을 사용해 몇 년간의 분석을 거쳐 궁수자리 A* 및 거대 타원은하 M87의 초거대 블랙홀을 관찰하는 데에 성공했다.

[20] 원시 블랙홀을 최초로 주장한 사람은 호킹이다.

[21] 별들은 은하원반상에 분포하고, 똑같은 방향으로 은하 중심을 회전한다. 예를 들어 태양과 그 주변 별들의 회전 속도는 초당 220km다. 이 회전에서 벗어나는 국소적 속도는 무작위 방향으로 초당 20km 전후다.

[22] 별은 질량이 작으면 작을수록 수가 많아진다. 큰 별은 희귀하다. 한 예로 대부분(전체의 4분의 3) 별은 태양의 절반 이하 크기인 적색왜성이다.

5장 우주는 어디로 갈까?

[1] 세페이드 변광성의 주기-광도 관계를 발견한 사람은 헨리에타 리비트라는 여성이다. 매우 명석했으나 여성이라서 연구직에 앉지 못했고, 하버드대학교 부속 천문대에서 다른 명석한 여성들과 함께 관측 결과를 분류했다. 남성들은 이 여성들을 '계산원(computer)'이라고 부르며, 아무 생각 없이 그저 일하라고 말했다고 한다. 임금은 현대 화폐 가치로 환산하면 시급 7천 원 정도였다. '계산원'이라고 불린 이 여성들은 천문학뿐만이 아니라 다른 분야에서도 수많은 멋진 발견을 해냈다.

[2] 은하의 속도는 우리와 은하를 연결하는 시선 방향의 속도만을 측정할 수 있다. 가장 가까이에 있는 안드로메다은하마저 250만 광년이라는 어마어마한 거리에 있으므로, 시선 방향에 대한 수직 방향의 은하 움직임(접선 속도)은 수십 년, 수백 년을 들여도 관측할 수 없다. 접선 속도를 측정할 수 있는 것은 가까운 별뿐이다.

[3] 아인슈타인 방정식에서 동적 우주의 해를 구한 사람은 알렉산드르 프리드만과 조르주 르메트르다. 아인슈타인 본인은 무한하고 불변한 정적 우주를 믿었기 때문에 동적 우주를 부정했다. 그래서 우주의 동력에 저항하는 힘인 우주상수를 도입한 것이다. 이 우주상수가 다음 파트에서 설명하는 암흑에너지와 연결된다.

[4] 태양과 같은 저질량 항성은 핵융합으로 빛나다가 한계에 달하면 백색왜성이 된다. 백색왜성은 전자로 인한 양자 압력으로 지탱되는 항성의 핵이다. 백색왜성에도 연성이 있는데, 그 연성이 적색거성이 되어 크기가 불어나면 그 연성 바깥층의 가스를 끌어당길 수 있다. 그러나 전자의 양자 압력은 태양 질량의 1.4배밖에 지탱할 수 없다(찬드라세카르 한계). 가스가 강착한 이 질량 한계를 넘을 때 백색왜성은 초신성 폭발을 일으킨다. 모든 백색왜성이 태양 질량의 1.4배에서 폭발하므로 모든 Ia형 초신성 폭발은 완전히 똑같은 에너지양으로 폭발한다. 그래서 표준 광원인 것이다.

[5] 관찰을 통해 우주가 가속 팽창한다는 사실을 규명한 솔 펄머터, 브라이언 슈밋, 애덤 리스는 2011년 노벨 물리학상을 받았다.

[6] 진공 속에서 매우 짧은 거리를 두고 금속판 두 장을 놓으면 그 사이의 공간과 그 바깥의 공간이 서로 다른 진공에너지를 가지게 된다. 그 에너지 차이로 금속판이 서로 끌어당기는 힘이 발생하는 카시미르 효과, 수소 원자 속의 진공 에너지와 전자의 상호작용으로 인해 전자의 에너지 준위가 어긋나는 램 시프트 등이 있다.

[7] 아인슈타인의 일반상대성이론에서는 물체와 에너지에 더해 압력도 중력을 만들어 낸다. 예를 들어 방 안에 있는 공기의 압력도 중력을 만들어 낸다. 다만 지상의 압력으로 인한 중력은 모두 무시해도 될 만큼 작을 뿐이다. 일반적으로 우리가 말하는 압력은 양의 압력이며 끌어당기는 중력을 낳는다. 한편 공간 자체에 있는 에너지의 압력은 음의 압력이 된다. 음의 압력은 밀어내는 중력을 낳는다.

[8] 아인슈타인은 무한하고 불변한 정적 우주를 믿었기 때문에 자신의 일반상대성이론에서 도출된 동적 우주의 움직임을 상쇄하기 위해 반발하는 중력을 전달하는 우주상수를 도입했다. 공간 그 자체에 균일한 에너지가 있고 그 에너지가 음의 중력을 부여한다고 생각한 것이다. 아인슈타인은 당시 허블의 관측으로 우주의 팽창이 확인된 직후, 이 우주상수를 '인생 최대의 과오'라고 말하며 철회했다. 약 70년 후 우주는 팽창하고 있을 뿐 아니라 가속 팽창하고 있다는 사실이 밝혀져, 이 우주상수가 암흑에너지로 다시 돌아왔다. 우주상수가 우주의 가속 팽창을 설명

할 수 있기 때문이다. 아인슈타인은 틀렸지만 옳았다. 역시 아인슈타인이라고 할 수밖에 없다.

[9] 지구의 온난화를 해결하기 위해 탄산칼슘의 효과와 부작용을 검증하는 SCoPEx 프로젝트가 있다. 빌 게이츠도 투자하고 있다.

[10] 한 예로 1991년 필리핀의 피나투보산이 분화한 후 1년 이상의 걸쳐 지구의 평균 기온이 0.7도 낮아졌다.

[11] 태양이 항성풍으로 질량을 잃으면 지구의 궤도는 그만큼 후퇴하므로(중력의 감소로 인해) 태양에 삼켜지는 일을 아슬아슬하게 피할 수 있을지도 모른다. 그래도 항성풍에 공격당하는 환경에서는 탈출해야 한다.

[12] 전자들은 서로 똑같은 양자 상태에 있을 수 없으므로(파울리 배타 원리) 별의 중심핵이라는 공간(상태)이 한정된 곳에서는 모든 전자의 서로 다른 에너지 상태로 인한 압력이 발생한다. 이것을 전자 축퇴압이라고 한다. 중성자성은 중성자 축퇴압으로 유지된다.

[13] 모든 가스 행성(목성, 토성, 천왕성, 해왕성)에는 수많은 위성이 있고 고리도 있다.

[14] 지구 내부도 언젠가는 냉각되어 자기권이 없어질 것이다. 모든 행성은 길든 짧든, 행성 자체가 대기를 유지할 수 있는 수명이 정해져 있다.

[15] 행성이 받는 조석력이란 항성에서 오는 중력의 차이로 인한 것이다. 블랙홀에서 스파게티가 되는 것도 마찬가지 원리다. 지구의 달은 이 조석력으로 인해 자전 주기와 공전 주기가 똑같아졌는데 이것을 조석 고정이라고 한다.

[16] 별은 젊으면 젊을수록 자주 폭발적으로 에너지를 방출한다. 태양이 비교적 안정되어 있는 것은 태양이 평생(100억 년)의 절반 정도를 지난 중년의 별이기 때문이다. 프록시마 센타우리도 언젠가는 상당히 안정될지 모른다.

[17] 한 예로 도쿄대학 공학부의 와타나베 마사타카 준교수가 의식을 기계로 이식하는 일을 연구하고 있다.

[18] 안드로메다은하와 우리은하의 우주 공간도 팽창하고 있다. 그러나 안드로메다 은하와 우리은하는 팽창하는 공간 속에서 그 이상의 속도로 서로를 향해 움직이고 있다. 두 은하는 우주의 팽창에도 굴하지 않고 중력으로 서로 이끌리는 것이다. 국부 은하군 내에서는 끌어당기는 중력이 밀어내는 중력을 이긴다. 한편 그보다 큰 공간은 모두 밀어내는 중력이 끌어당기는 중력을 압도적으로 이긴다. 공간이 크면 클수록 암흑에너지의 위력은 압도적이다.

[19] 6장에서 이야기할 우주의 시작, 빅뱅을 설명하는 인플레이션 이론과 거기서 필연적으로 생겨나는 무엇이든 존재하는 멀티버스를 싫어하는 물리학자들이, 멀티버스가 필요하지 않은 다양한 사이클릭 우주 모형을 제시하고 있다.

6장 우주는 어떻게 시작되었을까? 우주의 바깥에는 무엇이 있을까?

[1] 1940년대에 조지 가모프, 랄프 알퍼, 로버트 허먼이 빅뱅 우주론을 주장했다. '뱅'이라는 이름 때문에 폭발이 있었던 것처럼 느껴지지만 빅뱅은 폭발이 아니다. 우주는 시작도 없고 끝도 없다고 주장하던 과학자들이 이 우주론을 놀리기 위해 붙인 이름이 '빅뱅'이다. 오해의 소지가 있다는 이유로 나중에 빅뱅을 대체할 이름을 공개 모집했지만 역시 빅뱅이 가장 멋지다는 이유로 빅뱅이라는 이름이 정착했다고 한다.

[2] 우주 마이크로파 배경복사는 1964년 통신회사 연구소에서 일하던 아노 펜지어스와 로버트 윌슨이 우연히 발견했다. 두 사람이 전파 통신 안테나에 들어오는 노이즈를 제거하기 위해 애쓰던 때, 근처 프린스턴대학교의 로버트 딕과 제임스 피블스의 빅뱅 잔광에 대한 논의를 전해 듣고 그 노이즈가 그 잔광임을 깨달았다. 그 결과 두 사람은 노벨상을 수상했다. 제임스 피블스는 2019년 우주 마이크로파 배경복사와 우주 구조의 규명으로 노벨상을 수상했다.

[3] 우주 마이크로 배경복사 탐사 위성(COBE)으로 우주 마이크로 배경복사의 온도와 떨림을 측정한 존 매더와 조지 스무트는 2006년 노벨상을 수상했다.

[4] 여기서 우주 영역이란 우리가 본 우주의 사건의 지평선까지의 공간이다.

[5] 현재 우주의 사건의 지평선 내의 정보는 엔트로피 상한(열죽음의 상한: 5장)에서 아직 멀기 때문에 실제로는 더 가까운 곳에 완전히 똑같은 우주 영역이 있을 것으로 추정된다.

[6] 앨런 구스, 알렉세이 스타로빈스키, 사토 가쓰히코 등이 인플레이션 이론을 제시했다. 사토 가쓰히코는 도쿄대학 명예교수다.

[7] 5장에서 이야기한 빅 바운스는 인플라톤장 대신 퀸테선스 암흑에너지의 스칼라장을 도입해서 우주 마이크로 배경복사의 관찰값 등을 설명할 수 있는 새로운 이론이다.

[8] 안드레이 린데, 폴 스타인하트, 알렉산더 빌렌킨이 영구 인플레이션 이론을 제시

했다.

[9] 다양한 멀티버스를 레벨로 분류한 사람은 매사추세츠공과대학의 물리학자 맥스 테그마크다. 테그마크의 홈페이지에 멀티버스의 분류 및 설명에 관한 논문 목록 이 있다.

[10] 10500종류의 진공 상태는 3차원 공간 외의 6차원을 공간의 최소 규모로 엮어 넣어서 접는 방법의 차이에서 나온다. 레너드 서스킨드, 라파엘 분, 조지프 폴친 스키가 주장했다. 이것을 랜드스케이프라고 한다.

[11] 슈뢰딩거는 전자 등의 양자가 파동인 상태를 파동함수라는 수식으로 나타내고, 그 파동함수의 시간에 따른 진화를 계산했다. 양자역학에서 슈뢰딩거 방정식의 위상은 고전역학에서 뉴턴의 운동방정식이 차지하는 위상에 맞먹는다.

[12] 파동함수가 확률로 물체의 상태를 나타낸다는 해석에 가장 반대한 사람은 파동 함수를 만든 슈뢰딩거 본인이었다. "고양이가 살아있는 동시에 죽었다니 말도 안 돼!"라는 슈뢰딩거의 외침이 곧 고양이를 희생한 슈뢰딩거의 고양이 사고실 험이다. 참고로 슈뢰딩거는 고양이가 아니라 개를 길렀다고 한다.

[13] 결잃음은 디터 제가 도입하고 보이체흐 즐렉 등이 발전시켰다.

[14] 다세계 해석을 주장한 사람은 슈뢰딩거가 아니다. 1957년 미국 프린스턴대학원 학생이었던 휴 에버렛 3세가 제시했다. 슈뢰딩거가 파동함수를 발견하고 막스 보른이 그 확률을 해석한 후 31년이 지난 시점이다.

[15] 스위스 EPFL 연구소의 Blue Brain Project는 인간 뇌의 시뮬레이션을 목표로 현 재 쥐 뇌의 시뮬레이션에 착수하고 있다고 한다.

[16] 우주 전체를 양자 수준에서 시뮬레이션할 필요는 없다. 인간이 인지하지 못하는 환경은 대강 계산해도 아무 지장이 없다.

7장 시간여행을 하고 싶다면?

[1] 웜홀의 원안은 아인슈타인 로젠(ER) 다리라고 불리는 블랙홀의 수학적 해다. 그 해를 그대로 해석하면 아인슈타인 로젠 다리는 다른 우주로 이어지는 포털(문)이 된다. 그러나 아인슈타인 로젠 다리는 생겨나자마자 닫히기 때문에 빛조차도 지 날 수 없다. 웜홀의 원안에서 20년 후, 미국의 이론물리학자 존 휠러가 같은 우주 의 두 점을 연결하는 해도 있음을 밝혀내고, 그 해를 웜홀이라고 불렀다.

【참고 자료】

★《この宇宙の片隅に-宇宙の始まりから意味を考える50章》

★《脳の意識、機械の意識》

★《量子力学の奥深くに隠されているもの コペンハーゲン解釈から多世界理論へ》

★《オウムアムアは地球人を見たか》"The Cosmic Calendar" by Carl Sagen, T V 시리즈 <Cosmos>에서

★ "Spectroscopy of four metal-poor galaxies beyond redsfhit ten" Curtis-Lake et al. (2022) Nature: arXiv:2212.04568

★ "A Cold, Massive, Rotating Disk Galaxy 1.5 Billion Years after the Big Bang" Neelman et al. (2020) Nature 581, 269.

★ "The merger hat led to the formation of the Milky Way's inner stellar halo and thick disk" Helmi et al. (2018) Nature 563, 85

★ "First Batch of Candidate Galaxies at Redshifts 1 1 to 2 0 Revealed by the James Webb Space Telescope Early Release Observations" Yan et al. (2022) arXiv: 2207.11558

★ Beau Lotto, "The Science of Seeing Differently.London", Weidenfeld & Nicolsons

★ The World as a Hologram" Susskind (1995) Journal of Mathematical Physics 36, 6377

"Dimensional Reduction in Quantum Gravity" 't Hooft (1993) Conf. Proc. C 930308 284-296

Video lecture called "The World as a Hologram" by University of California TVelevision

★ "An improved orbital ephemeris for Cygns X-1 "Brocksopp et al. (1999) Astronomy & Astrophysics 343, 861

★ "A Luminous Quasar at Redshift 7.642" Wang et al. (2021) The Astrophysical Journal Letters 907,1

★ "Primordial Black Holes as Dakr Matter: Recent Developments" Carr &

Kuhnel (2020) Annual Review of Nuclear and Particle Science 70, 355-94

★ "Crater Morphology of Primordial Black Hole Impacts" Yalinewich & Caplan (2021) Monthly Notices of the Royal Astronomical Society Letters, 550,1

★ "Anthropic bound on the cosmological constant" Weinberg (1987) Physical Review Letters. 59, 2607-2610

"Large Number Coincidences and the Anthropic Principle in Cosmology" Carter (1974) Symposium - International Astronomical Union , Volume 63: Confrontation of Cosmological Theories

★ "Stratification in planetary cores by liquid immiscibility in Fe-S-H," Yokoo et al. (2022) Nature Communications: 13, 644

★ "How to Create an Artificial Magnetosphere on Mars" Bamford et al. (2022) Acta Astronautica, Volume 190, 323-333

★ "Phantom Energy and Cosmic Doomsday"Caldwell et al. (2003) Physical Review Letters 9 1 071301

★ "The end of everything" by Katie Mack (2018)

★ "A new kind of cyclic universe" Ijjas & Steinhardt (2019) Physics Letters B 795, 666-672

★ "Parallel Universes" Tegmark (2003) Science and Ultimate Reality* From Quantum to Cosmos, Cambridge University Press

★ The Physics of Information Processing Superobjects: The Daily Life among the Jupiter Brains." Sandberg (1999) Journal of Evolution and Technology vol 5

★ "Are We Living in a Computer Simulation?" Bostrom (2003) The Philosophical Quarterly v53, 211

★ "Wormholes, Time Machines, and the Weak energy Condition" Morris et al. (1998) Physical Review Letters Vol 61, 13

★ "Time of conscious intention to act in relation to onset of cerebral activity (readinesspotential).

The unconscious initiation of a freely voluntary act" Libet et al. (1983) Brain 106:

623▶642

★ "Unconscious determinants of free decisions in the human brain" Soon et al. (2008) Nature Neuroscience v11, 543-545

★ Beau Lotto, "The Science of Seeing Differently.London", Weidenfeld & Nicolsons

★ "HABITABLE ZONES OF POST-MAIN SEQUENCE STARS" Ramirez & Kaltenegger (2016) The Astrophysical Journal 823, 6

★ "Habitability of Proxima Centauri b" Turbet et al. (2016) Astronomy & Astrophysics 596, A112

"Discovery of an Extremely Short Duration Flare from Proxima Centauri Using Millimeter through Far-Ultraviolet Observations" MacGregor et al. (2021) The Astrophysical Journals Letters 911, L25

★ "Parallel Universes" Tegmark (2003) Science and Ultimate Reality* From Quantum to Cosmos, Cambridge University Press

★ "The Self-Reproducing Inflationary Universe" Linde (1994) Scientific American

★ "100 years of quantum mysteries" Tegmark & Wheeler (2001) Scientific American

★ 2021년 7월: 갈릴레오 프로젝트 https://projects.iq.harvard.edu/galileo

★ 2022년 6월: NASA UAP Independent Study https://science.nasa.gov/uap

★ 브레이크스루 프로젝트 HYPERLINK "https//breakthroughinitiatives.org/initiative/3"https://breakthroughinitiatives.org/initiative/3

★ "Where are They?" Nick Bostrom MIT Technology Review 2008

★ https://www.epfl.ch/en/

★ https://jwst.nasa.gov

★ https://www.ligo.org

★ https://lisa.nasa.gov/

★ https://www.uctv.tv/shows/The-World-as-a-Hologram-11140

★ https://www.nasa.gov/press-release/goddard/2018/mars-terraforming

★ https://mars.nasa.gov/mars2020/spacecraft/instruments/moxie/

★ https://breakthroughinitiatives.org/initiative/3

★ https://www.keutschgroup.com/scopex
★ https://www.youtube.com/watch?v=XglOw2_lozc&t=254s
★ https://ncatlab.org/nlab/show/Coleman-De+Luccia+instanton
★ https://space.mit.edu/home/tegmark/crazy.html

여러분은 모두 빛나고 있어요, 피스!